T0209062

Sammlung Metzler
Band 206

Friedmar Apel / Annette Kopetzki

Literarische Übersetzung

2., vollständig neu bearbeitete Auflage

Verlag J.B. Metzler Stuttgart · Weimar

Bibliografische Information Der Deutschen Bibliothek
Die Deutsche Bibliothek verzeichnet diese Publikation in der Deutschen National-
bibliografie; detaillierte bibliografische Daten sind im Internet über <http://dnb.ddb.de>
abrufbar.

SM 206

ISBN 978-3-476-12206-3
ISBN 978-3-476-05076-2 (eBook)
DOI 10.1007/978-3-476-05076-2
ISSN 0558 3667

© 2003 Springer-Verlag GmbH Deutschland
Ursprünglich erschienen bei J.B. Metzlersche Verlagsbuchhandlung
und Carl Ernst Poeschel Verlag GmbH in Stuttgart 2003
www.metzlerverlag.de
info@metzlerverlag.de

Vorwort zur zweiten Auflage

Die vorliegende Darstellung gibt einen orientierenden Überblick über den Stand, die Aufgaben und Perspektiven der Forschungen zum Problem der literarischen Übersetzung, und zwar sowohl systematisch wie historisch. Seit dem Erscheinen der ersten Auflage 1983 hat die enorme Fülle und Vielfalt der Beiträge zur Übersetzungsproblematik aus den unterschiedlichsten Disziplinen eindringlich bewiesen, wie berechtigt schon damals eine Darstellungsform war, die die Notwendigkeit einer interdisziplinären Ausrichtung der Übersetzungsforschung erweist.

Die Neubearbeitung hat darum den Aufbau des Buches und die größere Gewichtung literaturwissenschaftlicher Beiträge zur Übersetzungstheorie beibehalten, um in diesem Rahmen jene Entwicklungen der 1980er und 90er Jahre zu beschreiben, die als ein interdisziplinärer Schub des Fachs gelten dürfen. Dazu gehört vor allem die Konjunktur, die Fragen der Übersetzung heute in anderen Disziplinen wie der interkulturellen Germanistik, der Sprachphilosophie und den Kulturwissenschaften erleben.

Eine wichtige Neuerung ist auch die verstärkte internationale Zusammenarbeit der Übersetzungsforschung Berücksichtigt wurden vor allem die Göttinger Forschungsbeiträge zu einer Kulturgeschichte der literarischen Übersetzung, die Anschluß an die international bedeutenden *Translation Studies* gewinnen konnten. Hier sind in den vergangenen zwanzig Jahren durchaus Forschungslücken geschlossen worden, was im Rahmen einer Überblicksdarstellung allerdings nur angedeutet werden kann.

Ergänzt wird die Neubearbeitung durch aktualisierte Hinweise zu berufskundlichen Themen wie Ausbildungswegen, Weiterbildungsmöglichkeiten für Übersetzer/innen, Förderungsmaßnahmen und Berufsverbänden.

Die bibliographischen Angaben gliedern sich in speziellere Titel zur Thematik der einzelnen Abschnitte, die jeweils im Anschluß an den betreffenden Abschnitt aufgeführt werden, und in Sammelbände und Standardwerke in einer Literaturliste am Ende des Bandes. Hinweise auf die Titel dieser Literaturliste sind im Text mit einem Sternchen markiert.

Hamburg, Dezember 2002   A.K.

Inhalt

I. Definitionen und Begriff der Übersetzung

Übersetzen – und zwar nicht nur das Übersetzen von Dichtung – ist eine der komplexesten menschlichen Geistestätigkeiten überhaupt. Beim Übersetzen sind so viele – sich oft gegenseitig ausschließende – Bedingungen zu erfüllen, daß man im Verlaufe der Geschichte des Problems immer wieder die analytischen Waffen gestreckt und das Übersetzen für eigentlich unmöglich erklärt hat. Obwohl Übersetzen seit Menschengedenken praktiziert wird, obwohl es eine jahrtausendealte Tradition der Theorie des Übersetzens gibt, obwohl zumal die Wissenschaften des 20. Jahrhunderts dem Problem so intensiv wie nie zu Leibe gerückt sind, läßt sich keine allgemein akzeptierte und alle am Übersetzungsvorgang beteiligten Faktoren berücksichtigende Definition anführen. Dies liegt nun an der Komplexität des Problems selbst, der bisher noch kein einzelner wissenschaftlicher Ansatz in vollem Umfang gerecht werden konnte.

Die geringste der **Definitionsschwierigkeiten** liegt darin, daß der Begriff der Übersetzung in der Allgemeinsprache mehrdeutig ist. Die folgenden Grundbedeutungen lassen sich unterscheiden:

1. Das Erläutern, Erklären von dem Ansprechpartner zunächst unverständlichen Äußerungen, z.B. die Wiedergabe von in einer Fachsprache formulierten Äußerungen in Wendungen der Alltagssprache oder die Vermittlung von Begriffen verschiedener methodischer Herkunft etc.
2. Die Umsetzung von Lauten in Schrift (Transkription) und von einer Schrift in die andere (Transliteration), z.B. griechisch zu lateinisch, in Braille- oder Morse-Zeichen.
3. Der Wechsel in ein anderes Medium oder eine andere Gattung unter Beibehaltung bestimmter inhaltlicher oder formaler Merkmale, z.B. Paraphrasierungen von Gedichten in Prosa, Verfilmungen von Texten verschiedener Art, Wiedergabe von Bildinhalten in natürlicher Sprache etc.
4. Die Wiedergabe von Äußerungen einer älteren Sprachstufe in einer anderen historischen Sprachstufe derselben Sprache (intralinguales Übersetzen).
5. Die Wiedergabe von Äußerungen einer natürlichen Sprache in einer anderen natürlichen Sprache (interlinguales Übersetzen).

Nur 5. und bedingt 4. werden in die wissenschaftliche Abgrenzung des Problems einbezogen, wobei die meisten Ansätze hieraus noch das Dolmetschen ausgrenzen, sich also nur mit dem schriftlich fixierten Sprachwechsel beschäftigen. Der Grund wird in Ottos Kades klassisch gewordener definitorischer **Unterscheidung zwischen Übersetzen und Dolmetschen** deutlich:

»Wir verstehen daher unter Übersetzen die Translation eines fixierten und demzufolge permanent dargebotenen, bzw. beliebig oft wiederholbaren Textes der Ausgangssprache in einen jederzeit kontrollierbaren und wiederholt korrigierbaren Text der Zielsprache.

Unter Dolmetschen verstehen wir die Translation eines einmalig (in der Regel mündlich) dargebotenen Textes in der Ausgangssprache in einen nur bedingt kontrollierbaren und infolge Zeitmangels kaum korrigierbaren Text der Zielsprache« (Kade 1968, S. 35).

Die Problematik der Kurzdefinitionen liegt natürlich darin, was man sich unter ›Wiedergabe‹, bzw. ›Translation‹ vorzustellen hat. Dieser Begriff füllt sich sowohl aktuell wie historisch oft mit völlig verschiedenem Inhalt. Aber selbst wenn man die historische Problematik einmal beiseite läßt, so lassen sich innerhalb des Gebiets der eigentlichen Übersetzung noch **verschiedene Arten der Übersetzung** abgrenzen. Der internationale Übersetzerverband, die Fédération Internationale des Traducteurs (FIT), unterscheidet drei bzw. vier:

1. Dolmetschen
2. technisches und wissenschaftliches Übersetzen
3. literarisches Übersetzen,

wobei die Frage ist, ob nicht die Übersetzung geisteswissenschaftlicher, insbesondere philosophischer Texte eine eigene Klasse bilden müßten. Ohnehin aber ist das nur eine Möglichkeit der Unterscheidung von verschiedenen Übersetzungsarten oder -sparten, ebenso sinnvoll wären Unterscheidungen nach Zwecken oder Textarten. Obwohl unstrittig ist, daß die verschiedenen Übersetzungsarten verschiedene Anforderungen an den Übersetzer stellen, ist die Abgrenzung in der Forschung z.T. übertrieben worden. Bei einigen Ansätzen kann dabei der Verdacht nicht abgewiesen werden, daß man sich aufgrund von Abgrenzungen der Kernproblematik der Übersetzung, der Frage nämlich, wie übersetzt werden kann, wenn das Bedeutete nicht unmittelbar vorhanden ist, sondern in der spezifischen sprachlichen Form sich erst konstituiert, entledigen wollte. Bevor also die Abgrenzungsproblematik weiter verfolgt wird, zunächst einige Versuche, eine umfassende Definition zu geben.

Die größten Hoffnungen einer gründlichen wissenschaftlichen Lösung des Übersetzungsproblems weckte in den 1950er und 60er Jahren die **Forschung zur automatischen Sprachübersetzung.** Einer ihrer führenden Vertreter bot 1960 die weiteste Definition, in der nahezu alle eingangs erwähnten Bedeutungen enthalten sind:

»Übersetzen kann definiert werden als Vorgang der Umwandlung von Zeichen oder Darstellungen in andere Zeichen oder Darstellungen. Hat das Original einen bestimmten Sinn, dann fordern wir im allgemeinen, daß sein Abbild denselben Sinn oder, realistischer gesagt, soweit wie möglich denselben Sinn besitze. Das zentrale Problem der Übersetzung zwischen natürlichen Sprachen besteht darin, den Sinn unverändert zu erhalten. Nach dieser Definition gehören die Umsetzung eines gedruckten Textes in Morseschrift, die Transkription vom kyrillischen in das lateinische Alphabet, Geheimverschlüsselungen und das Ersetzen von Dezimalzahlen durch Binärzahlen zur selben Klasse von Aufgaben wie die Übersetzung des *Macbeth* ins Deutsche und die Übersetzung der Rede eines russischen Delegierten bei den Vereinten Nationen vom Russischen ins Englische« (Oettinger. In: *Störig 1973, S. 436).

Es wird unmittelbar deutlich, daß diese Definition auf den Computer zugeschnitten ist, indem Übersetzen als ein technisches Verfahren unter Ausklammerung des Kommunikationsbezuges von Texten oder Äußerungen definiert wird. Nicht berücksichtigt werden also die Produktions- und Rezeptionsbezüge und die Probleme der Textkonstitution. Die Definition beruht implizit darauf, daß Sprachen geschlossene Systeme sind – daher auch die prinzipielle Gleichsetzung von Transkription und Übersetzung – und daß folglich auch Übersetzung eine endliche, bei Vorliegen aller Voraussetzungen ein für alle Mal lösbare Aufgabe sei. Hauptaufgabe der Forschung war daher für Oettinger die Entwicklung von Algorithmen, d.h. von geschlossenen Sätzen von Regeln, die ohne Ausnahme zur Lösung von Aufgabenklassen führen. Grundvoraussetzung einer solchen statischen Definition des Übersetzens ist schließlich ein rationalistischer Sprachbegriff, der die Existenz von Sinn oder Bedeutung weitgehend unabhängig von ihrer sprachlichen Formulierung annimmt.

In ihrer »vorpragmatischen« Phase definierten die **linguistischen Ansätze** Übersetzung im Kern als ein technisches Verfahren, als »Transposition einer Aussage aus einer natürlichen Sprache in eine andere« (*Mounin 1967, S. 21). Als **Kodierungsproblem** formulierte auch die strukturalistische Linguistik und Semiotik ihren allgemeinen Übersetzungsbegriff. Roman Jakobson benutzt »Übersetzen« als Metapher für Verständigungsprozesse im Sinne eines decodierenden Verfahrens: »Für uns [...] ist die Bedeutung jedes sprachlichen Zeichens seine

Übersetzung in ein anderes, alternatives Zeichen« (Jakobson 1974, S. 155). Hier wird der Übersetzungsbegriff zur universalen Metapher für Signifikation: Übersetzung ist Bedingung und Realisierung der semiotischen Funktion. Entsprechend umfaßt der Begriff »drei Arten der Wiedergabe eines sprachlichen Zeichens«:

»1. die innersprachliche Übersetzung oder Umformulierung (rewording) ist eine Wiedergabe sprachlicher Zeichen mittels anderer Zeichen derselben Sprache,
2. die zwischensprachliche Übersetzung oder Übersetzung im eigentlichen Sinne ist eine Wiedergabe sprachlicher Zeichen durch eine andere Sprache,
3. die intersemiotische Übersetzung oder Transmutation ist eine Wiedergabe sprachlicher Zeichen durch Zeichen nicht-sprachlicher Zeichensysteme« (Jakobson 1974, S. 155).

Jakobson räumt ein, daß es auf der Ebene der zwischensprachlichen Übersetzung »keine völlige Gleichwertigkeit zwischen den Code-Einheiten« gibt. Hier werden daher keine einzelnen Zeichen, sondern größere Sinn-Einheiten – »Botschaften« – ersetzt. Ihre Bedeutung ist unabhängig von ihrer sprachlichen Form: »Die Übersetzung impliziert somit zwei gleichwertige Mitteilungen in zwei verschiedenen Codes« (S. 156).

Es war nun eben das in den 60er Jahren immer deutlicher werdende weitgehende Scheitern der automatischen Sprachübersetzung, das die Linguistik schließlich zu differenzierteren Vorstellungen vom Übersetzungsprozeß namentlich zur **Einbeziehung von Kommunikationszusammenhängen** und Textkonstitutionsproblemen führte. In die folgende Definition von W. Winter geht die Erkenntnis ein, daß sprachliche Äußerungen spezifische Interpretationen von Wirklichkeitsausschnitten sind:

»To translate is to replace the formulation of one interpretation of a segment of the universe around us by another formulation as equivalent as possible. [...] As a rule, we may inject into our definition the further qualification that translation involves the replacement of an interpretation in one language by another in a second language« (Winter. In: Arrowsmith 1964, S. 68).

Hier wird also nicht mehr von der Möglichkeit der Zuordnung von einzelnen Elementen von Ausgangs- und Zielsprache ausgegangen, sondern es wird danach gefragt, wie eine an die jeweilige Formulierung gebundene Interpretation in einer Formulierung der Zielsprache erhalten werden kann. Der Invarianz-Faktor ist hier nicht mehr die Aussage, sondern die Interpretation.

Dieser Ansatz führte schließlich dazu, daß das Wesen der Übersetzung im außerlinguistischen Bereich angesiedelt wurde. G. Jäger bezeichnet daher Übersetzung als Sicherung der Kommunikation. Kriterium der Übersetzung ist hier endgültig nicht mehr Bedeutungsidentität, sondern die **kommunikative Äquivalenz** zweier Texte. Während daher das Wesen der Übersetzung pragmatisch bestimmt werden muß, verbleibt nach Jäger ihre Erscheinungsform ganz im linguistischen Bereich (Jäger 1975, S. 36).

Das **Problem des Stils** nimmt E.A. Nida in seine Definition herein: »Translating consists in reproducing in the receptor language the closest natural equivalent of the source language message, first in terms of meaning, secondly in terms of style« (Nida 1964, S. 12). Problematisch an dieser Definition ist zweierlei: Mit dem Begriff der natürlichen Äquivalenz wird ein unüberprüfbares normatives Kriterium in die Übersetzung eingeführt, zweitens aber wird Stil im Sinne der alten rhetorischen Tradition als ein Sekundäres der Bedeutung Hinzutretendes, betrachtet.

Allerdings sind alle bisher betrachteten Definitionen mehr oder minder verdeckt normativ, bzw. beziehen sich dort, wo sie vorgeben, deskriptiv zu sein, auf ein beschränktes Textmaterial. Eine weitere Gemeinsamkeit der bisherigen Definitionen ist, daß Verständnisprobleme, insbesondere aber die Subjektgebundenheit von Verständnis, aus der Definition ausgeklammert werden. Vorausgesetzt wird also die Möglichkeit eines objektiven, oder doch intersubjektiven Verständnisses von sprachlichen Äußerungen. Die Instanz des Verstehens als Tätigkeit des Subjekts kam erst später in die **sprachwissenschaftlich ausgerichtete Übersetzungsforschung** hinein, so bei W. Wilss:

»Übersetzen ist ein Textverarbeitungs- und Textverbalisierungsprozeß, der von einem ausgangssprachlichen Text zu einem möglichst äquivalenten zielsprachlichen Text hinüberführt und das inhaltliche und stilistische Verständnis der Vorlage voraussetzt. Übersetzen ist demnach ein in sich gegliederter Vorgang, der zwei Hauptphasen umfaßt, eine Verstehensphase, in der der Übersetzer den ausgangssprachlichen Text auf seine Sinn- und Stilintention hin analysiert und eine sprachliche Rekonstruktionsphase, in der der Übersetzer den inhaltlich und stilistisch analysierten ausgangssprachlichen Text unter optimaler Berücksichtigung kommunikativer Äquivalenzgesichtspunkte reproduziert« (*Wilss 1977, S. 72).

Hier wird die direkte Beziehung zwischen sprachlichen Elementen oder Texten zweier Sprachen endgültig aufgelöst, zwischengeschaltet wird die Instanz des Verständnisses. Die Problematik dieser Definition liegt nun wiederum in der Frage, wie dann Übersetzung von anderen Formen der Darlegung von Verständnis unterschieden werden kann, vor allem aber darin, daß Übersetzung in dieser Definition in die

Nähe eines Spezialfalls der originalen Textproduktion rückt, in dem Übersetzung ebenso wie ein Originaltext als an Sprache zu bindende Interpretation der Außenwelt erscheint, insofern als der Ausgangstext in dieser Definition keine andere Funktion als jedes andere Erkenntnisobjekt hat.

An den Begriffsbestimmungen der linguistischen Übersetzungsforschung läßt sich bereits ablesen, daß der Großteil der linguistischen Übersetzungsforschung das Problem reduziert und z.T. auch trivialisiert hat. Ersteres dadurch, daß man sich auf Verfahrensfragen konzentrierte und die Bestimmung eines Verfahrens für den Übersetzungsbegriff selbst hielt und dabei wichtige Bedingungen und Voraussetzungen des Übersetzungsprozesses ausklammerte; letzteres durch Eingrenzung des Gegenstandes auf simpelste, ja banale Probleme. Seltsamerweise standen die beherrschenden Figuren der modernen Linguistik der linguistischen Übersetzungstheorie skeptisch gegenüber. In *Aspekte der Syntax-Theorie* (1973) warnte z.B. Noam Chomsky gelegentlich der Diskussion profunder linguistischer Universalien sogar vor der Hoffnung, »daß vernünftige Übersetzungsprozeduren generell möglich sind« (S. 251, Anm. 17), vor allem glaubte er nicht daran, daß Übersetzung als Verfahren ohne außerlinguistische Informationen zu bestimmen sei. Entsprechend hat die Linguistik ihr Monopol auf die Übersetzungsforschung inzwischen recht weitgehend aufgegeben, die Tendenz geht – wie bei Koller und Wilss – eher zu einer interdisziplinären Übersetzungswissenschaft mit einem handwerklichen Kernbereich in der angewandten Sprachwissenschaft.

Die Vertreter des **akademischen Fachs** »**Übersetzungswissenschaft**« lehren zumeist an Fakultäten, wo Übersetzer und Dolmetscher ausgebildet werden, und haben daher ein besonderes Interesse daran, Theorie und Praxis des Übersetzens zu verbinden. Diesem Ziel werden die unterschiedlichsten theoretischen Erklärungsmodelle und methodischen Verfahren untergeordnet. Um das übersetzerische Problemlösungsverhalten, das unter dem Einfluß der linguistischen Pragmatik nunmehr als verständigungsorientiertes Sprachhandeln beschrieben wird, in rationalen Kategorien beschreiben zu können, setzt die aktuelle Übersetzungswissenschaft unter anderem auf Kommunikationstheorie, auf kognitive Linguistik und Psychologie. Diese Disziplinen sollen den Übersetzungsvorgang in Begriffen wie Handlung, Verhalten, Strategie, Technik, Routine, Entscheidung, Kreativität und Intuition klären. Eine solche **verfahrenstechnische Definition** des Übersetzens als Problemlösung unter der Prämisse einer prinzipiellen Übersetzbarkeit aller Texte, bleibt das Charakteristikum aller übersetzungstheoretischen Beiträge aus der sprachwissenschaftlichen Schule.

Die Problematik der offenen oder verdeckten **normativen oder idealtypischen Bestimmungen** der Übersetzung betrifft indessen nicht nur die linguistischen Begriffsbestimmungen, auch solche Ansätze, die die **Übersetzung als Kunst** diskutieren, halten – in merkwürdigem Widerspruch zur modernen Kunsttheorie – an normativen oder idealtypischen Definitionen fest. Bei Levý wird das offen eingestanden:

»Das Ziel der Übersetzerarbeit ist es, das Originalwerk (dessen Mitteilung) zu erhalten, zu erfassen und zu vermitteln, keinesfalls aber, ein neues Werk zu schaffen, das keinen Vorgänger hat, das Ziel der Übersetzung ist reproduktiv« (*Levý 1969, S. 65).

»Wenn wir sagen, daß die Übersetzung eine Reproduktion sei und das Übersetzen ein original-schöpferischer Prozeß, so bilden wir eine normative Definition und sagen, wie die Übersetzung beschaffen sein soll. Der normativen Definition würde die ideale Übersetzung entsprechen, je schwächer die Übersetzung ist, desto weiter ist sie von dieser Definition entfernt« (ebd., S. 67).

Die Problematik einer solchen Definition verschärft sich bei Levý dadurch, daß er die Übersetzung als »Kunstgattung« zu fassen versucht. Der Begriff der Gattung aber ist nur sinnvoll, wenn er die Dialektik von Form und Inhalt aufweist, während bei Levý – wie auch in den meisten linguistischen Übersetzungstheorien – die Mitteilung grundsätzlich als Invariante erscheint. So setzt sich sein Übersetzungsbegriff derselben Argumentation aus, mit der die Erkenntniskritik anhand von Formen der Nachahmung, zum Beispiel des Mimesisprinzips, die Unmöglichkeit des Abbilds im strengen Sinne erweist.

Daher verwundert es nicht, daß diejenigen literaturwissenschaftlichen Ansätze zum Problem, die auf einer historischen Sicht beruhen, den Begriff der Übersetzung offener und vor allem dynamischer definieren, mit dem Nachteil, daß die Definitionskriterien oft schwer faßbar sind, wie etwa bei Kloepfer:

»Übersetzen ist eine Art der Progression. Für die Übersetzung gilt, was für die Dichtung gesagt wurde, sie ist nie abgeschlossen. (Übersetzung ist eine Iterationsform der Dichtung; sie ist deren Wiederholung [...]«

»Übersetzung ist Dichtung – nicht irgendeine Dichtung, etwa Nachdichtung oder Umdichtung, sondern die Dichtung der Dichtung. Novalis spricht vielleicht in diesem Sinne vom Übersetzer als dem Dichter des Dichters« (*Kloepfer 1967, S. 126).

In Anlehnung an **frühromantische Theorien** bestimmt Kloepfer die Übersetzung als Einheit von Dichtkunst, Hermeneutik und Poetik, was heißen soll, daß Übersetzung dichterische Texte hervorbringt, die

die Bedingungen ihres Verständnisses, gleichzeitig aber dessen prinzipielle Unabgeschlossenheit in sich begreifen.

Noch offener fällt G. Steiners Bestimmung des Begriffs aus, was vor allem daran liegt, daß der Begriff der Mitteilung und des Sinns für die Bestimmung des Wesens der Übersetzung bei ihm in den Hintergrund tritt. Steiners zentrale – durch literarisch-wissenschaftliche, linguistische, kulturgeschichtliche und anthropologische Beweisführungen abgesicherte – These, daß Sprache gar nicht in erster Linie Informationen vermittle, sondern ihrem Ursprung und Wesen nach Potentiale der Fiktion und der unentscheidbaren Futurität realisiere, führt ihn zu einer entsprechenden Definition der Übersetzung, welche als geistige Mobilität zwischen. den Sprachen der Raum sei, wo die Bewegung zwischen Eigenem und Anderem, als Bewegung auf Freiheit hin konkret werde (*Steiner 1994, S.178).

Da Steiner mit Recht Übersetzung als eine der komplexesten Erscheinungen in der evolutionären Entwicklung der menschlichen Geistestätigkeit begreift, darf man keine bündige Definition erwarten, jedoch bleibt trotz faszinierender Detailausführungen im Dunkeln, ob Übersetzung als Tätigkeit überhaupt gegen andere Formen der Individuation abgegrenzt werden kann. Wenngleich Grenzauflösungen beim Studium des Problems in der Tat immer wieder auftauchen, sollte man doch spezifische Aspekte des Problems für die wissenschaftliche Behandlung abgrenzen, andernfalls würde Übersetzungsforschung durch eine allgemeine Bewußtseinsforschung ersetzt werden müssen.

Die **literaturwissenschaftliche Übersetzungstheorie** hat in ihren Definitionen des Übersetzungsbegriffs versucht, der Vielfalt möglicher Übersetzungsverfahren und texttypologischer Vorgaben durch das Original Rechnung zu tragen. Von der Praxis des Übersetzens bestimmt ist z.B. die rezeptionsästhetisch fundierte Definition, die der 1985 gegründete Göttinger Sonderforschungsbereich »Die literarische Übersetzung« vorschlug:

»[...] als heuristische Orientierung haben sich die im SFB Zusammenarbeitenden darauf verständigt, eine literarische Übersetzung grundsätzlich als integrale – wenn auch nicht unbedingt vorausbedachte und kohärente – Interpretation eines literarischen Werks in einer zweiten Sprache aufzufassen, allerdings nicht als metasprachliche, sondern als eine zumindest dem Anspruch nach literatursprachliche Interpretation« (A.P. Frank 1987, in: GB 1, S. XV).

Generell ist es angebracht, den literatur- und kulturwissenschaftlichen Bestimmungen die aus der übersetzerischen Praxis entstandenen Definitionen entgegenzusetzen, obwohl sie gerade von den erfahrensten Übersetzern besonders vorsichtig formuliert werden. F. Kemp etwa bestimmt zwar die Übersetzung als Form der Literatur, versucht jedoch, ein spezifisches Merkmal der Übersetzung abzugrenzen, welches er darin sieht, daß die Übersetzung in einem anderen Verhältnis zum Gesamt der Sprache steht als der Originaltext:

»Es gibt ohne Zweifel leicht übersetzbare und so gut wie unübersetzbare Texte. Das gilt aber nicht ein für allemal; vielmehr handelt es sich um eine veränderliche Proportion, die sich geschichtlich und durch jeden Einzelnen verschiebt. Texte, die einmal nicht übersetzbar waren, können es werden; und umgekehrt. [...] Da in dieser sich zeitlich verschiebenden Proportion der Abstand zum Original immer mitenthalten ist – und zwar als ein Abstand von Sprache zu Sprache, von sprachlicher Gestalt zu einer anderen Sprachgestalt –, so ließe sich Übersetzung an sich als dasjenige Sprachgebilde definieren, bei dem dieser Abstand konstitutiv ist und für den Aufnehmenden spürbar mitgeliefert wird« (*Kemp 1965, S. 45).

Auf der Grundlage der Kempschen Bestimmung läßt sich unter Einbeziehung und Modifikation der vorher genannten der folgende Vorschlag zu einer **Arbeitsdefinition** literaturwissenschaftlicher Übersetzungsforschung bilden:

Übersetzung ist eine zugleich verstehende und gestaltende Form der Erfahrung von Werken einer anderen Sprache. Gegenstand dieser Erfahrung ist die dialektische Einheit von Form und Inhalt als jeweiliges Verhältnis des einzelnen Werks zum gegebenen Rezeptionshorizont (Stand der Sprache und Poetik, literarische Tradition, geschichtliche, gesellschaftliche, soziale und individuelle Situation). Diese Konstellation wird in der Gestaltung als Abstand zum Original spezifisch erfahrbar.

Bereits an dieser Arbeitsdefinition wird deutlich, daß das Problem der Übersetzung als Gegenstand der Literaturwissenschaft nicht mit spezialisierten Methoden angegangen werden kann, sondern den Einsatz des ganzen Arsenals literaturwissenschaftlicher Mittel erfordert.

Von dieser Definition aus kann man noch einmal auf die Abgrenzungsproblematik zurückkommen. Die linguistischen Ansätze machen zumeist eine grundsätzliche Unterscheidung zwischen Übersetzungen von literarischen und pragmatischen Texten, zu denen technische, wissenschaftliche, juristische, Werbetexte, kommerzielle Texte aller Art, politische Verträge usw. zählen. Nachdem die Linguistik zunächst einen Alleinvertretungsanspruch für die Übersetzung erhob, der mit der sprachlichen Natur aller Übersetzungsarten begründet wurde, hat sie sich inzwischen auf das Gebiet der pragmatischen Texte zurückgezogen. Diese Beschränkung entspricht den linguistischen Definitionen insofern, als sie damit begründet wird, daß es bei pragmatischen Tex-

ten einen Primat des Inhalts vor der Form gebe. Da die hier gegebene
Definition die **Einheit von Form und Inhalt** besonders betont, scheint
sie ausschließlich auf den Bereich des literarischen Textes bezogen zu
sein. Dies ist jedoch nicht der Fall, weil kaum ein Text denkbar ist,
für den der Primat des Inhalts gegenüber der Form ausschließlich gilt.
Nicht nur sind die Inhalte wissenschaftlicher Texte in vielen Fällen
an die spezifische Form gebunden, nicht nur machen Werbetexte
oft einen kreativen Gebrauch von der Sprache, selbst im simpelsten
Geschäftsbrief kommen Wendungen vor, bei denen es auf die Form
ebenso ankommt wie auf den Inhalt.

Über die literarischen oder quasi-literarischen Phänomene, die
auch die Alltagssprache aufweist, und die in ihr unaufhörlich neu
entstehen, täuschen viele linguistische Arbeiten zum Problem hinweg,
weil sie sehr selten von vorfindlichem Textmaterial ausgehen, sondern
zumeist von selbstkonstruierten Beispielen. Darüber hinaus scheint
es, als sei die Linguistik mit ihrem rationalistischen Ansatz selbst
auf Rückstände der Geniepoetik hereingefallen, wenn sie literarische
Phänomene mit der Begründung ausschließt, zu ihrer Übersetzung
sei die nicht näher analysierbare Instanz der künstlerischen Begabung
vonnöten (vgl. Kade 1968, S. 47). Demgegenüber wäre zu erkennen,
daß die Problematik der literarischen Übersetzung gleichsam nur die
Spitze des Eisbergs ist, so daß die Ergebnisse der Analyse der literarischen Übersetzung in modifizierter Form auch auf andere Textarten
Anwendung finden könnten, wenngleich darüber hinaus bei diesen
Texten Probleme auftauchen, für die die Literaturwissenschaft nicht
unmittelbar zuständig ist.

Die Grenzen des linguistischen Paradigmas führten die Übersetzungswissenschaft schließlich zu einer Neuorientierung. Sie holte
Entwicklungen nach, die in der allgemeinen Sprachwissenschaft
bereits zum pragmatisch erweiterten Begriff des Sprachhandelns
geführt hatten, und bezog auch semiotische Ansätze ein. Mit dem
neuen Selbstverständnis der »integrierten Übersetzungswissenschaft
[...] die das breite Spektrum vom literarischen Kunstwerk bis zur
Fachterminologie abdeckt« (*Snell-Hornby 1986, S. 27), war auch die
Literaturwissenschaft wieder aufgefordert, Beiträge zur übersetzungswissenschaftlichen Forschung zu liefern. In den 70er und 80er Jahren
erlebte auch der prozessual-offene, historische Übersetzungsbegriff der
Beiträge aus der hermeneutischen Schule dann einen interdisziplinären
Schub, der zu jener Vielzahl konkurrierender, teilweise unvereinbarer
Erklärungsmodelle führte, die die linguistische wie literaturwissen-
schaftliche Übersetzungstheorie bis heute charakterisiert.

Literatur:

Arrowsmith/Shattuck: *The Craft and Context of Translation: A Critical Symposium*, Austin/Texas 1964.

Chomsky, Noam: *Aspekt der Syntax-Theorie*, Frankfurt a.M. 1973.

Greiner, Norbert et al. (Hg.): *Texte und Kontexte in Sprachen und Kulturen: Festschrift für Jörn Albrecht*, Trier 1999.

Jäger, Gert: *Translation und Translationslinguistik*, Halle/S. 1975.

Jakobson, Roman: Linguistische Aspekte der Übersetzung. In: ders.: *Form und Sinn. Sprachwissenschaftliche Betrachtungen*, München 1974, S. 154-161.

Kade, Otto: Zufall und Gesetzmäßigkeit in der Übersetzung. In: Beihefte zur Zeitschrift *Fremdsprachen* I, Leipzig 1968.

Kade/Neubert (Hg.): *Neue Beiträge zu Grundfragen der Übersetzungswissenschaft. Materialien der II. Internationalen Konferenz ›Grundfragen der Übersetzungswissenschaft‹*, Frankfurt a.M. 1973.

Kopetzki, Annette: »Das Geheimnis von Babel. George Steiner über Sprache und Übersetzung«. In: *Zeitschrift für Didaktik der Philosophie* 1 (1993), S. 18-26.

Kurz, Ingrid: *Simultandolmetschen als Gegenstand der interdisziplinären Forschung*, Wien 1996.

Lauer, Angelika et al. (Hg.): *Übersetzungswissenschaft im Umbruch. Festschrift für Wolfram Wilss zum 70. Geburtstag*, Tübingen 1996.

Nida, Eugene A.: *Toward a Science of Translation, with special Reference to Principles and Procedures involved in Bible Translation*, Leiden 1964.

ders. u. Charles Taber: *The Theory and Practise of Translation*, Leiden 1969.

Oettinger, Anthony G.: *Automatic Language Translation*, Cambridge, Mass. 1960.

Wills, Wolfram: Übersetzen und Dolmetschen im 20. Jahrhundert, Teil 2: Gegenwart. In: LS 1 (1999), S. 1-6.

II. Interdisziplinäre Aspekt der Übersetzungsforschung

1. Übersetzungswissenschaft

In den 60er und 70er Jahren sind insbesondere an Universitäten mit Dolmetscherinstituten wie z.b. Heidelberg, Lehrstühle für Übersetzungswissenschaft eingerichtet worden, deren Inhaber/innen meist auf dem Gebiet der Angewandten Sprachwissenschaft qualifiziert waren, und die die Aufgabe hatten, den angehenden Übersetzer/innen und Dolmetscher/innen einen theoretischen und methodischen Hintergrund zu vermitteln und ihnen die reflektive Überprüfung der Lehrinhalte zu ermöglichen. Über diesen im Lehrplan begründeten Zweck hinaus entwickelte sich die Übersetzungswissenschaft ab den 70er Jahren zu einer eigenen akademischen Disziplin, deren interdisziplinäre Ausrichtung zunehmend deutlicher hervortrat.

Als eigentlicher Begründer einer **Übersetzungswissenschaft mit interdisziplinärem Selbstverständnis** gilt E. Nida. Unter Zentralstellung semantischer Probleme skizzierte Nida Perspektiven einer Übersetzungswissenschaft, die Ansätze der allgemeinen Semantik, der Verhaltensforschung, der Kulturgeschichte, Anthropologie, Philologie, Kommunikationswissenschaft, Sprachphilosophie, Linguistik und Semiotik vereinigt. Die in den 70er Jahren erschienenen Grundlagentexte der Übersetzungswissenschaft verhielten sich der interdisziplinären Entgrenzung ihres Faches gegenüber noch vorsichtig. In den 80er Jahren dagegen meinte die inzwischen »**Translationswissenschaft**« genannte Disziplin eine Vielzahl von Erklärungs- und Beschreibungsmodellen aus anderen Wissenschaften einbeziehen zu müssen.

So forderte Wolfram Wilss 1988 einen »multiperspektivischen Wissenschaftsbegriff« und beklagte, daß übersetzerische Verstehens- und Entscheidungsprozesse psycho- und soziolinguistisch, generativgrammatisch, kognitionswissenschaftlich, handlungs- und systemtheoretisch, textlinguistisch, hermeneutisch, komparatistisch und kulturanthropologisch noch sehr ungenau erforscht seien.

Einen guten Überblick über die Fragen und Aufgaben der Übersetzungswissenschaft gibt W. Koller, der sie in neun Hauptbereiche einteilt:

a) Übersetzungstheorie (allgemeine Bedingungen des Übersetzungsprozesses)
b) Linguistisch-sprachenpaarbezogene Übersetzungswissenschaft
c) Textbezogene Übersetzungswissenschaft (vergl. Textanalyse und
   -typologie, vergl. Stilistik, Rezeptionsbedingungen von Texten,
   Übersetzungstheorie best. Gattungen)
d) Übersetzungsprozessual orientierte Übersetzungswissenschaft (men-
   tale Prozesse und Strategien des Übersetzens)
e) Wissenschaftliche Übersetzungskritik
f) Angewandte Übersetzungswissenschaft (Wörterbücher, Idiomatik,
   Handbücher)
g) Theoriegeschichte der Übersetzungswissenschaft
h) Geschichte des Übersetzens und Wirkungsgeschichte übersetzter
   Werke und Autoren
   (vgl. *Koller 2001, S. 125ff.).

Anhand dieser Aufstellung, die sich um zahlreiche Bereiche erweitern
ließe, wird bereits deutlich, daß Koller unter Übersetzungswissenschaft keine vorhandene Fachwissenschaft mit einem klar umrissenen
Gegenstandsbereich und kohärenter Methodik versteht, sondern
Übersetzungswissenschaft zumindest vorläufig als Addition sehr verschiedener und z.T. nur schwer vermittelbarer Ansätze konzipiert. Von
*Reiß/Vermeers (1991) Anspruch »einer umgreifenden Translations-
theorie«, die nicht nur auf alle Sprachen und Kulturen, sondern auch
auf alle Texte anwendbar sein und für Übersetzen wie Dolmetschen
gleichzeitig gelten soll, setzt Koller sich ausdrücklich ab (vgl. *Koller
2001, S. 13).
   Freilich erscheint eine Vermittlung der methodischen Ansätze
der verschiedenen Disziplinen notwendig. Denn trotz ihres interdisziplinären Selbstverständnisses stehen die linguistische und die
literaturwissenschaftliche Übersetzungsforschung sich immer noch
relativ unvermittelt gegenüber. Insbesondere die an vielen Universitäten vorgenommene Trennung zwischen Literaturwissenschaft und
Sprachwissenschaft, die zur Folge hat, daß ein Studium der Germanistik mit einem Minimum an sprachwissenschaftlichen Kenntnissen
abgeschlossen werden kann, ist der Übersetzungsforschung ganz sicher
nicht förderlich gewesen. Jene Fächer, die noch im älteren Sinne als
Philologie betrieben werden, stehen denn auch dem Übersetzungsproblem deutlich näher.
   In bewußter Abgrenzung von einer Übersetzungswissenschaft,
die sich unter dem Praxisdruck der Ausbildung zukünftiger Übersetzer vorwiegend präskriptiv ausgerichtet hat, ist in den letzten

zwanzig Jahren aus der vergleichenden Literaturwissenschaft eine Forschungsrichtung der Übersetzungswissenschaft entstanden, die **deskriptiv und retrospektiv** verfährt. Die Göttinger Arbeiten zur Kulturgeschichte der literarischen Übersetzung konnten Anschluß an die sogenannten *Translation Studies* aus dem angelsächsischen Sprachraum gewinnen. Von hier gingen wiederum interdisziplinäre Impulse aus, die in den 90er Jahren zu der Forderung führten, die Übersetzungswissenschaft müsse sich als Teil der Kulturwissenschaft verstehen. Die wissenschaftliche Erforschung des Übersetzens hat sich also in den letzten Jahrzehnten so stark differenziert, daß die folgenden Abschnitte keinen Anspruch auf einen vollständigen Überblick erheben können.

Literatur:

Holz-Mänttäri, Justa: *Translatorisches Handeln. Theorie und Methode*, Helsinki 1984.

Hönig H.-G./Kußmaul P. (Hg.): *Strategie der Übersetzung. Ein Lehr- und Arbeitsbuch*, Tübingen 1996.

Koller, Werner: Übersetzungswissenschaft. In: FoLi 5/1-2 (1971), S. 204-231 u. FoLi 5 (1972), S. 194-221.

Pohling H./Cartellieri C.: Zu Grundproblemen der Übersetzungswissenschaft. In: *Babel* 12 (1966), S. 154-158.

Stein, Dieter: *Theoretische Grundlagen der Übersetzungswissenschaft*, Tübingen 1980.

Vermeer, Hans J.: Ein Rahmen für eine allgemeine Translationstheorie. In: LS 3 (1978), S. 99ff.

Wilss, Wolfram: *Kognition und Übersetzen. Zur Theorie und Praxis der menschlichen und der maschinellen Übersetzung*, Tübingen 1988.

2.   Automatische Sprachübersetzung

Obwohl die hohen Erwartungen an die automatische Sprachübersetzung inzwischen sehr weitgehend zerronnen sind, bleibt sie aus zwei Gründen bedeutsam für die Übersetzungsforschung:

a) sie hat die Grenzlinie zwischen mechanisch handwerklichen und kreativen Aspekten des Übersetzungsvorgangs deutlicher gemacht und damit gleichzeitig die Grenzen eines verfahrenstechnischen Ansatzes;

b) sie wird weiterhin eine Funktion als Hilfswissenschaft der Übersetzungsforschung beanspruchen können.

Die Forschung zur automatischen Sprachübersetzung bestimmte in ihrer optimistischen Phase den Gegenstand folgendermaßen:

»Die Sprachübersetzung kann definiert werden als Ersetzen von Elementen der einen Sprache, dem Ausgangsbereich der Übersetzung, durch äquivalente Elemente der anderen Sprache, dem Zielbereich der Übersetzung. Die Forschung über automatische Übersetzung beschäftigt sich damit, Kriterien der Äquivalenz und Invarianz exakt zu definieren, eine fundierte theoretische Basis für eine Abbildung zwischen Ausgangsgebiet und Zielgebiet oder zwischen Teilen dieser Gebiete zu schaffen, sowie leistungsfähige und elegante automatische Verfahren zu entwickeln, durch welche die Abbilder des Ausgangsbereichs gefunden werden können« (Oettinger. In: *Störig 1973, S. 444f.).

Dieses Forschungsprogramm beruhte auf der Annahme, daß immer komplexere Folgen von einfachen Transformationen schließlich zu Algorithmen, also zu geschlossenen Regelsätzen, führen müßten, die eine Lösung von Übersetzungsaufgaben mit gleich gutem oder gar besserem Ergebnis als bei einem menschlichen Übersetzer ermöglichen würden. Trotz höchster Aktivität und enormen Geldmitteln, die in die prestigeträchtigen Projekte gesteckt wurden, ließen diese Algorithmen jedoch auf sich warten. 1966 kam eine Untersuchungskommission des National Research Councils in den USA zu folgendem Ergebnis:

»Maschinelle Übersetzung bedeutet offenbar, mittels Algorithmus von einem maschinell erfaßbaren Ursprungstext zu einem brauchbaren Zieltext zu gelangen, ohne menschlicher Übersetzung oder Redaktion zu bedürfen. Maschinelle Übersetzung wissenschaftlicher Texte hat in diesem Sinn bisher nicht stattgefunden und ist auch in naher Zukunft nicht zu erwarten« (Sprache und Maschinen. In: SprtZ 23/1967, S. 225).

Bereits Anfang der 60er Jahre, hatte einer der kompetentesten Fachleute auf dem Gebiet, Y. Bar-Hillel, die Überzeugung geäußert, daß selbst lernfähige Maschinen, zumindest nach den damals bekannten Prinzipien, niemals in der Lage sein würden, die Qualität von Übersetzungen zu verbessern. Vor allem konnte Bar-Hillel keinerlei Anzeichen dafür entdecken, daß die evolutionär erworbene Sprachkompetenz des Menschen auch nur annähernd nachkonstruiert werden könnte (vgl. Bar-Hillel. In: SprtZ 23/1967, S. 210ff.).

Bis heute gibt es keine Indizien zur Widerlegung. Daher redet man heute lieber von ›**maschinenunterstützter Sprachübersetzung**›, womit einerseits Übersetzungsvorgänge mit menschlicher Vor-, Nach- und Zwischenredaktion bezeichnet werden, und andererseits menschliche Übersetzungsvorgänge mit Hilfen durch elektronische Wörterbücher, Terminologiedatenbanken, speziellen Textverarbeitungsprogrammen für Übersetzer (Translation Memory-Systeme) und den umfassenden Recherchemöglichkeiten, die das Internet Übersetzern inzwischen bietet. Vollautomatische Übersetzungsprogramme funktionieren zwar nur bei lexikalisch und semantisch sehr eingeschränkten Informationstexten, doch in bestimmten Bereichen haben sie sich inzwischen vor allem aus finanziellen Gründen unentbehrlich gemacht: Taum-Meteo übersetzt 40.000 Wörter Wetterbericht pro Tag vom Englischen ins Französische, und die in der Europäischen Union verwendeten Programme SYSTRAN, sowie das auf einer Zwischensprache basierende Interlingua-Programm EUROTRA übersetzen Zehntausende von Seiten im Jahr. Es handelt sich jedoch um sprachlich stark standardsierte Texte, die zudem redaktionell nachbearbeitet werden. Selbst ein so ehrgeiziges Projekt wie der seit 1992 vom deutschen Forschungszentrum für künstliche Intelligenz entwickelte digitale Dolmetscher »Verbmobil« muß sich auf einen so kleinen Ausschnitt sprachlicher Kommunikation wie die Terminabsprache beschränken. Hier erzielt er allerdings gute Ergebnisse, weil das Programm mit viel ›Weltwissen‹ ausgestattet wurde, mit dessen Hilfe es z.B. Homonyme, Interjektionen oder bedeutungstragende Betonungen identifizieren kann.

Inzwischen gibt es eine Vielzahl von maschinellen Übersetzungssystemen für den privaten Gebrauch. Doch gelten diese mit großem Aufwand entwickelten Programme ebenso wie die automatische Übersetzung von Texten im Internet immer noch als unbefriedigend. Dies liegt vor allem daran, daß die Programme für die Probleme lexikalischer, pronominaler und struktureller Mehrdeutigkeiten noch keinerlei zuverlässige Lösung haben. Fruchtbar – wenngleich z.T. in negativer Hinsicht als Korrektur falscher Vorstellungen – hat sich die automatische Sprachübersetzung vor allem für die theoretische Linguistik erwiesen. Als ›**Computerlinguistik**‹ hat sich ein hochspezialisiertes und hochformalisiertes Forschungsgebiet etabliert, das zumindest auf geraume Zeit keine für die Übersetzungswissenschaft umfassend anwendbaren Ergebnisse liefern wird. Der Sinn dieser formalen Forschungen soll damit jedoch nicht bezweifelt werden, da die Grenze der Nachkonstruktion menschlicher Sprachfähigkeiten noch nicht übersehbar ist.

Literatur:

Arnold D. et al. (Hg.): *Machine Translation. An Introductory Guide*, London 1994.
Bar-Hillel, Yehoshua: Die Zukunft der maschinellen Übersetzung, oder: Warum Maschinen das Übersetzen nicht erlernen. In: SprtZ 23 (1967), S. 210-217.

Bruderer, Herbert E. (Hg.): *Automatische Sprachübersetzung*, Darmstadt 1982.

Garvin, Paul L.: *On Machine Translation*, The Hague/Paris 1972.

Herzog, Reinhart (Hg.): *Computer in der Übersetzungswissenschaft*, Frankfurt a.M./Bern 1981.

Hutchins W.J./Somers H. (Hg.): *An introduction to machine translation*, London 1992.

Rothkegel, Annely: Maschinelle Übersetzung. Probleme und Lösungen. In: Lenders W. (Hg.): *Linguistische Datenverarbeitung und Neue Medien*, Tübingen 1989, S. 83-99.

Sprache und Maschinen in der Übersetzung und in der Linguistik (Auszüge aus dem Report des NRC). In: SprtZ 23 (1967), S. 218-238.

Zimmer, Dieter E.: *Die Elektrifizierung der Sprache*, Zürich 1991.

ders.: *Deutsch und anders. Die Sprache im Modernisierungsfieber*, Reinbek bei Hamburg 1997.

Zimmermann, Harald: Stand und Probleme der maschinellen Übersetzung. In: LS 1 (1980), S. 2ff.

3. Linguistik und Semiotik

Analog zur automatischen Sprachübersetzung war auch die moderne Linguistik zunächst mit dem Anspruch angetreten, das Problem der Übersetzung umfassend und für alle Übersetzungsarten zu lösen. So versprach Georges Mounin den Übersetzern baldige Befreiung von den jahrtausendealten Schwierigkeiten mit dem Sinn der Wörter, die ihnen den Blick für die wirklichen Bedeutungsprobleme verstellt hätten (*Mounin 1967, S. 64). Gerade hinsichtlich der literarischen Übersetzung sollte die Linguistik eine Art kopernikanischer Wende herbeiführen, indem sie nicht nur einen ganz neuen Begriff der Originaltreue erarbeitet, sondern auch Lösungen der alten Unvereinbarkeitsprobleme anzubieten habe: »Die linguistische Analyse gestattet uns heute auch, alle Probleme zu lösen, die sich aus dieser gänzlich neuen und überaus anspruchsvollen Definition der Originaltreue einer Übersetzung ergeben« (ebd., S. 121).

Solcher Anspruch wurde jedoch während des Eindringens in Detailprobleme immer stärker zurückgenommen, gleichzeitig der Forschungsgegenstand immer weiter beschnitten. Die Forderung nach Wissenschaftlichkeit als Formalisierbarkeit und Objektivierbarkeit führte zur möglichst weitgehenden Reduzierung der Variablen, bis schließlich nur noch die Übersetzung pragmatischer Texte übrig blieb und auch diese nur in jenen Aspekten, bei denen von einem Primat des Inhalts vor der Form ausgegangen werden konnte.

Von den Variablen des Übersetzungsprozesses, die die Linguistik ausklammerte, gehörten zeitlich-historische zu den wichtigsten. In Anlehnung an die Naturwissenschaften behandelte nämlich die Linguistik Texte wie natürliche Objekte und legte sie damit fest, während doch nicht nur der literarische Text, sondern auch der Sachtext unter einer je bestimmten historisch sich verändernden Konstellation von Faktoren, als von Bedingungen von Handlungen und Entscheidungen, verstanden wird. Gerade beim Problem der Übersetzung hat es sich als fatal erwiesen, daß die moderne Linguistik so lange auf der synchronischen Betrachtungsweise beharrt hat, denn Original und Übersetzung stehen ja ganz notwendig in einer Beziehung des zeitlichen Nacheinander. So kommt es denn auch durchaus vor, daß die Zeitspanne zwischen der originalen Publikation eines Textes und der Veröffentlichung der Übersetzung Aufnahme und Wirkung vollständig verändert. Selbst beim nüchternsten wissenschaftlichen Text ist daher bis zu einem gewissen Grad von einer **Offenheit der Bedeutung** auszugehen.

Die Zweifel besonders an den formalen Forschungseinrichtungen der Linguistik betreffen aber nicht nur das Problem der Übersetzung, es wächst auch die Skepsis, ob das Phänomen Sprache überhaupt ohne außerlinguistische Informationen befriedigend erklärbar ist. Für die moderne Semiotik ist die Linguistik daher nur Teildisziplin eines umfassenderen erkenntnistheoretisch fundierten Ansatzes. Leistung und Funktion von Zeichensystemen werden hier in ihrer Abhängigkeit von den allerverschiedensten pragmatischen Bedingungen untersucht.

Neue Impulse gingen für die Übersetzungsforschung von der **Kultursemiotik** aus, die Kulturen als Texte begreift. Besonders deutlich zeigt sich die mit dem semiotischen Ansatz in der Übersetzungsforschung einhergehende Wende zur Kultur und zu einem stark ausgeweiteten Übersetzungsbegriff bei einigen Vertretern der *Translation Studies* (vgl. Kap. III.5). Alle Beiträge in der von J. Lambert und G. Toury gegründeten Zeitschrift *Target* betten Übersetzungen in ein vielschichtiges, offenes Polysystem ›Kultur‹ ein. Ausschließlich semiotisch verfährt Lambert, der Kultur unter Berufung auf Umberto Eco Kultur als endlose Übersetzung von Zeichen in andere Zeichen und die **Übersetzung selber als Zeicheninterpretation** begreift, die diesen fortwährenden semiotischen Fluß vorübergehend anhält. Wie stark dieser kultursemiotische Forschungsansatz sich von der traditionellen linguistischen Übersetzungswissenschaft abhebt, läßt sich z.B. daran ermessen, daß er den Zentralbegriff der kontrastiven Linguistik, die ›Äquivalenz‹ zwischen Sprachen, Texten oder Worten, vollständig neu definiert oder zugunsten der Repräsentation von Fremdheit und

Andersheit verwirft. Unbestreitbar ist es ein großer Vorzug der semiotischen Forschungen, Übersetzungen als Teil des gesamten kulturellen Systems zu untersuchen und damit die Grenzen rein linguistischer Übersetzungsanalysen zu überschreiten.

Manche Beispiele semiotischer Behandlung des Übersetzungsproblems zeigen eine Tendenz, die Vorgehensweise der Linguistik nachgerade auf den Kopf zu stellen. So zeigt z.B. E. Kaemmerlings (1980) Studie zu einer Eigenübersetzung von Beckett, daß die linguistische Frage nach Äquivalenzen, seien es inhaltliche oder formale, zu einem vollständigen Mißverständnis der Übersetzung und ihrer Beziehung zum Original führen müßte, während erst die Einbeziehung des »semantischfunktionalen Zuschauerbezugs« das Verhältnis von Original und Übersetzung deutlich werden läßt. Das bestätigt indirekt die ältere Kritik E. Carys (1956), die Übersetzung eines Dramas sei keine linguistische Operation, sondern eine dramaturgische Tätigkeit, die literarische Übersetzung ein literarischer und kein linguistischer Prozeß.

Gerade die semiotischen Ansätze verstärken also den Verdacht, daß eine befriedigende wissenschaftliche Erklärung von Kernproblemen des Übersetzens mit rein linguistischen Mitteln nicht erlangt werden kann, jedoch ist es ein unbestreitbares Verdienst der modernen Linguistik, differenzierte, vorurteilsfreie, deskriptive Kategorien zur Erfassung sprachlicher Erscheinungen geliefert zu haben, denen sich die anderen an der Erforschung der Sprache beteiligten Wissenschaften noch stärker anpassen sollten, als das bisher geschehen ist. Auch die sprachenpaarbezogenen linguistischen Forschungen zu potentiellen Äquivalenzen sind natürlich für die weitere Übersetzungsforschung nicht wertlos, sondern können gleichsam als Folie dienen, auf der bestimmte Abstandsverhältnisse von Original und Übersetzung überhaupt erst sichtbar werden, analog zu einer physikalischen Erkenntnis, nach der Dynamik nur als Gegensatz zu Statik wahrgenommen werden kann.

Literatur:

Cary, Edmond: *La traduction dans le monde moderne*, Genf 1956.

Eco, Umberto: *Einführung in die Semiotik*, München 1988.

Faiß, Klaus: Übersetzung und Sprachwissenschaft. Eine Orientierung. In: *Babel* 19 (1973), S. 75-78.

Grzybek, Peter (Hg.): *Cultural Semiotics: Facts and Facets. Fakten und Facetten der Kultursemiotik*, Bochum 1991.

Kaemmerling, Ekkehard: Va et Vient. Becketts Eigenübersetzung von Come and Go in einer den semantisch funktionalen Zuschauerbezug bedenkenden Analyse. In: Eschbach/Rader (Hg.): *Literatursemiotik*, Tübingen 1980, S. 55-85.

Lambert J./Robyns C.: »Translation«. In: Posner R. et al. (Hg.): *Semiotik. Ein Handbuch zu den zeichentheoretischen Grundlagen von Natur und Kultur*, Berlin/New York 2003, Bd. 3, S. 3594-3614.

Vinay J.P./Darbelnet J.: *Stylistique comparée du Français et de l'Anglais. Méthode de la Traduction* [1958], Paris 1972.

Wilss Wolfram (Hg.): *Semiotik und Übersetzen*, Tübingen 1980.

4. Hermeneutik, Sprachphilosophie und Wissenschaftstheorie

Die Entstehung der Hermeneutik in der ursprünglichen Bedeutung als Auslegungslehre entstand im Zusammenhang mit dem Problem der intralingualen Übersetzung. Die Werke Homers als kanonische Texte waren nämlich in der Spätantike nicht mehr unmittelbar verständlich, daher stellten die alexandrinischen Hermeneuten Texte her, in denen veraltete Wörter durch ein entsprechendes neues ersetzt wurden. Wo es ein solches nicht gab, oder wo die bezeichnete Sache nicht mehr existierte, wurde eine Glosse angefügt. Das Verfahren der **spätantiken Hermeneutik** geht im Prinzip analog zur Linguistik vom Äquivalenzprinzip aus: Durch den Eingriff in den Text entsteht nicht etwa ein Neues, sondern wird etwas richtiggestellt, wird die ursprüngliche Bedeutung wieder kenntlich gemacht. Der Wandel der Sprache wurde als ein der Sache Äußerliches begriffen.

Bis ins 18. Jahrhundert hinein ändert sich die Auffassung vom Sprachwandel nicht wesentlich. Noch die **Auslegungslehre des Chladenius** geht davon aus, daß die Wörter die Sachen ›anzeigen‹, so daß sich sowohl das Verständnis historischer Texte wie die Übersetzung letztendlich auf das Problem reduzierten, das rechte Wort für die Sache oder Vorstellung zu finden. Brisant wird die hermeneutische Bestimmung des Übersetzungsvorganges erst mit der Entstehung des neuzeitlichen Geschichtsbegriffs und – was die literarische Übersetzung anlangt – der Abkehr von der normativen Poetik. Wenn alle Dinge einer wesentlichen Veränderung, nicht nur einer äußerlichen, unterworfen sind, wenn Sprache, Literatur, Staaten, Gesellschaften und Nationen ihre eigene Geschichte haben und gegeneinander unverwechselbar sind, so entsteht einerseits die Frage, ob man überhaupt verstehen kann, was einmal gemeint war, andererseits aber die, ob die Gehalte einer anderen Sprache nicht unauflöslich mit ihrer spezifischen Form und ihren historischen Bedingungen verknüpft sind.

In vollem Bewußtsein dieser Fragestellungen hat erst **Schleierma-cher** seine Hermeneutik konzipiert. Im Gegensatz zur rationalistischen Sprachtheorie der Aufklärung, in der die Wörter als die Stellvertreter von im Prinzip universalen Sachen und Gedanken betrachtet wurden, geht Schleiermacher davon aus, daß »wesentlich und innerlich Gedanke und Ausdruck ganz dasselbe« sind (Schleiermacher: *Ueber die verschiedenen Methoden des Uebersezens.* In: *Störig 1973, S. 60). Schleiermacher betrachtet also das Wie und das Was des Bedeutens in ihrer gegenseitigen Abhängigkeit. Das führt ihn zu der These vom **Doppelcharakter des Verstehens** als »herausgenommen aus der Sprache« und als »Thatsache im Denkenden« (Schleiermacher, Hermeneutik, S. 80), dem auf der einen Seite die grammatische, auf der anderen die psychologisch/technische Auslegung entspricht. Auf das Verhältnis der Rede zum System der Sprache richtet sich die grammatische, auf die Eigentümlichkeit des Gedankenausdrucks die psychologisch/ technische Interpretation. Diese Eigentümlichkeit aber ist nach Schleiermacher nur als Verhältnis zu den gegebenen Bedingungen zu erkennen, und dieses Verhältnis unterliegt der historischen Veränderung. In Schleiermachers Übersetzungstheorie führt dies nun zu der Erkenntnis, daß es ein Gleiches im Verhältnis des Bedeuteten nicht geben kann, weshalb er diejenige Übersetzungsmethode, die dem Leser den gleichen Eindruck wie das Original zu vermitteln sucht, als »Fiktion« bezeichnet und der verfremdenden Methode, die den Leser auf die notwendige Veränderung der Verstehensbedingungen hinweist, den Vorzug gibt (vgl. Kap. IV.4).

Die geistesgeschichtliche Schleiermacherinterpretation hat dann das Problem wieder verflacht, indem sie sich einseitig auf die psychologisch/technische Interpretation bezogen hat und damit das dialektische Moment aus der Theorie des Verstehens getilgt hat. So kann auch die Diltheysche Hermeneutik trotz ihrer zentralen Bedeutung für die Gegenstandskonstitution der Geisteswissenschaften zur Erhellung des Übersetzungsproblems wenig beitragen, weil die Sprache zuletzt als das Äußerliche betrachtet wird, hinter dem immer wieder nur der Geist gesucht wird.

Erst **Martin Heidegger** hat dann versucht, die Diltheysche Sicht des »Aufbaus der geschichtlichen Welt« wieder mit der Sprachlichkeit des Verstehens zu vermitteln. Alles Verstehen ist nach Heidegger sowohl sprachlich als auch zeitlich und damit befindlich (vgl. Heidegger, *Sein und Zeit*, S. 336f.). Jedes Verstehen ist selbst in der Geschichtlichkeit des Daseins verwurzelt und wird, wo es – in Auslegung und Übersetzung – ausdrücklich gemacht wird, selbst zur Überlieferung. Übersetzung entsteht nach Heidegger aus dem geschichtlichen Sein und wird zugleich selber zum Moment der Seinsgeschichte (Heidegger 1957, S. 164).

Den Reflexionsstand zum Problem der Sprachlichkeit des Verstehens faßt **Hans-Georg Gadamer** zusammen. Nach Gadamer treten die auslegenden Begriffe dem Verständnis nicht hinzu, sondern das Verstehen vollzieht sich innerhalb des Mediums der Sprache. In der Sprache kommt ebensowohl der Gegenstand zu Wort, als aber auch die eigene Sprache dessen, der da versteht (vgl. Gadamer 1975, S. 366). Jede Interpretation und jede Übersetzung ist daher aus der jeweiligen geschichtlichen und individuellen Konstellation heraus zu bestimmen. In sprachlicher Form objektiviertes Verstehen ist nach Gadamer »Konkretion des wirkungsgeschichtlichen Bewußtseins« (ebd., S. 367). Damit besteht das hermeneutische Grundproblem hinsichtlich der Übersetzung nun endgültig nicht mehr darin, mit welcher Verfahrensweise man eine Äquivalenz zwischen zwei Äußerungen herstellen kann, sondern in der Erhellung der je spezifischen Spannung von Situation und Gegenstand, durch die das »Darinstehen in einem Überlieferungsgeschehen« (Gadamer 1975, S. 293) gekennzeichnet ist. Abschied nehmen muß man daher von der Vorstellung, daß es bei entsprechendem historischen, sprachlichen und sachlichen Wissen ein ›richtiges‹ und vollständiges, ein für alle Mal geltendes Verständnis eines Textes geben könnte.

Das heißt nun aber keinesfalls, daß die Wissenschaft ihr Recht an den Problemen der Auslegung und der Übersetzung verloren hat, vielmehr wird die Sicherung der Sachlichkeit der Verständigung über das Verstehen, gerade durch die Erkenntnis des Anteils der Subjektivität, geleistet. Hier gilt das Verhältnis von Erkenntnis und Interesse, wie es Jürgen Habermas formuliert hat: »Eine Interpretation kann die Sache nur in dem Verhältnis treffen und durchdringen, in dem der Interpret die Sache und zugleich sich selbst als Momente des beide gleichermaßen umfassenden und ermöglichenden objektiven Zusammenhangs reflektiert« (Habermas 1973, S. 228).

Nach der hermeneutischen Analyse des Übersetzungsproblems ist also keine Übersetzung Wiedergabe des objektiven Sinns oder der objektiven Bedeutung eines Textes, sondern **sprachliche Objektivation eines je historisch und subjektiv bestimmten Verstehens** eines Textes, welches sich mit Gadamer als »Konkretion des wirkungsgeschichtlichen Bewußtseins« bestimmen läßt. Daher kann die Übersetzungsforschung ihre Wissenschaftlichkeit nicht aus Kriterien wie ›Verifizierbarkeit‹, ›Evidenz‹ oder ›Kohärenz‹ herleiten, sondern allein aus der Charakterisierung des je bestimmten Verhältnisses von gegebenen Bedingungen und Identität des auffassenden Subjekts.

Die mit Schleiermacher beginnende hermeneutische Gleichung vom **Übersetzen als Verstehen und Interpretieren** von Texten hat in den letzten Jahren zu einem ausgeprägten Interesse der Sprachphilosophie am Phänomen der Übersetzung geführt. Legt man, wie schon Schleiermacher es tat, die radikale Differenz der Sprachen zugrunde, müssen Probleme der Übersetzung tatsächlich als Brennpunkt aller Fragen nach der Beziehung von Sprache, Denken und Welt erscheinen. Vor allem die poststrukturalistische und dekonstruktivistische Schule nutzte die Tatsache, daß der eigene Sprachbegriff sich an einer Definition dessen, was ›Übersetzung‹ bedeutet, sehr gut darstellen läßt. Sie nennt die Übersetzung darum »a critical exercise for particular ideas of language, meaning and interpretation« (*Graham 1985, S.13). Im Vorwort zum Sammelband *Übersetzung und Dekonstruktion* heißt es: »Der Prozeß der Übersetzung erhellt [...] in paradigmatischer Weise die brüchige, inkohärente und zugleich bedeutungskonstitutive Struktur der Sprache im allgemeinen« (*Hirsch 1997, S. 12).

Auch die **angelsächsische Sprachphilosophie** hat sich dem Übersetzungsproblem in erkenntnistheoretischer Absicht zugewandt. Quine formulierte seine These von der »systematischen Unbestimmtheit (*indeterminacy*) der Übersetzungen« (Quine 1980, S. 59) nicht als Beitrag zur Übersetzungstheorie, sondern wollte zeigen, daß wir beim Übersetzen wie beim Verstehen »empirisch unterbestimmte« und sprachlich »unbestimmte« Zeichen verwenden, weil diese sich nicht auf eine sprachunabhängige gemeinsame Wirklichkeit der Sprechenden beziehen lassen.

Noch radikaler wird das Problem der Relativität oder Differenz zwischen den Sprachen und in der Sprache selbst – als Differenz zwischen den Zeichen und zwischen Zeichen und Bezeichnetem – in den **dekonstruktivistischen Arbeiten** aufgefaßt, die sich mit Übersetzung beschäftigen. Weil Bedeutung und Sinn nie präsent sind, sondern sich nur durch Differenz konstituieren, kehrt sich das Verhältnis zwischen Original und Übersetzung um: Nicht die Übersetzung hängt vom Original ab, sondern dieses bedarf der Übersetzung, um zu bedeuten. Indem Übersetzungen das Original dekonstruieren und neu konstruieren, zeigen die dekonstruktivistischen Theoretiker, daß der Originaltext keine fixe, reproduzierbare Identität hat, sondern durch jede Übersetzung neu entsteht. Wie die Interpretation ist die Übersetzung Teil des Signifikationsprozesses von Texten. Das Verhältnis von Original und Übersetzung wird darum auch als ein beiden übergeordneter ›Intertext‹ begriffen.

Die ›Intertextualität‹ zwischen Original und Übersetzung hat schließlich zu einer Erweiterung des philologischen Übersetzungsverständnisses geführt, bei dem es zwar auch um die traditionell hermeneutischen Fragen des Selbst- und Fremdverstehens geht, diese jedoch in einen kulturwissenschaftlichen Rahmen eingebettet werden. Angesichts der wachsenden Bedeutung, die dem Problem der Übersetzung in zahlreichen kulturwissenschaftlichen Veröffentlichungen zugemessen wird, darf man behaupten, daß die Übersetzungsproblematik eine Schlüsselstellung im Prozeß der Neudefinition der Geisteswissenschaften als Kulturwissenschaften einnimmt.

Literatur:

Apel, Karl-Otto: *Transformation der Philosophie*, Frankfurt a.M. 1976.
Bender, Karl Heinz et al. (Hg.): *Imago linguae. Beiträge zu Sprache, Deutung und Übersetzen*, München 1977.
Büttemeyer W.v./Sandkühler H.-J. (Hg.): *Übersetzung: Sprache und Interpretation*. Frankfurt a.M. et al. 2000.
Foucault, Michel: *Die Ordnung der Dinge*, Frankfurt a.M. 1974.
Fretlöh, Sigrid: *Relativismus versus Universalismus. Zur Kontroverse über Verstehen und Übersetzen in der angelsächsischen Sprachphilosophie: Winch, Wittgenstein, Quine*, Aachen 1989.
Gadamer, Hans-Georg: *Wahrheit und Methode*, Tübingen 1975.
Habermas, Jürgen: *Erkenntnis und Interesse*, Frankfurt a.M. 1973.
Heidegger, Martin: *Der Satz vom Grund*, Pfullingen 1957.
ders.: *Sein und Zeit*, Tübingen 1949.
Hubig, Christoph: Gibt es einen Fortschritt in den Geisteswissenschaften. In: *Zs f. Philos. Forschung* 34/2 (1980).
ders.: *Dialektik und Wissenschaftslogik*, Berlin 1978.
Markis, Dimitrios: *Quine und das Problem der Übersetzung*, Freiburg/München 1979.
Marten, Rainer: *Existieren, Wahrsein und Verstehen*. Berlin/New York 1972.
Quine, Willard van Orman: *Wort und Gegenstand*, Stuttgart 1980, bes. S. 59-147.
Schleiermacher, Friedrich: Ueber die verschiedenen Methoden des Uebersezens. In: *Störig 1973, S. 38-70.
Schleiermacher, Friedrich: *Hermeneutik*, Heidelberg 1969.
Szondi, Peter: *Einführung in die literarische Hermeneutik*, Frankfurt a.M. 1975.
Wach, Joachim: *Das Verstehen. Grundzüge einer Geschichte der hermeneutischen Theorie im 19. Jahrhundert*, Tübingen 1926-29.

5. Ethnologie, Kulturwissenschaft, Postkolonialismus

Das Äquivalenzkriterium in der Bestimmung des Übersetzungsbegriffs wird umso problematischer, je weiter die Sprachen, Kulturen und Gesellschaften, die in der Übersetzung in Verbindung treten sollen, auseinanderliegen. Andererseits aber werden in der Konfrontation z.b. westlicher Zivilisation und Gesellschaft mit sogenannten Primitivkulturen Probleme überhaupt erst deutlich, die bei der Übersetzung verwandter Sprachen nur scheinbar nicht bestehen.

Bei der Erforschung fremder Kulturen und Gesellschaften sind zwei extreme Positionen denkbar, die ihre Analogie in Übersetzungskonzeptionen haben: Entweder man hält ein **Verstehen fremder Kulturen** weitgehend für unmöglich und betont daher die Unterschiede, oder man hält es für weitgehend möglich und betont die Gemeinsamkeiten. Die erste Position wäre die Ludwig Wittgensteins, der sich anläßlich der Lektüre einer großangelegten Studie über Magie und Religion ›primitiver‹ Kulturen radikal gegen ein Hineinziehen ins Eigene wandte. Da das Operieren mit sprachlichen Zeichen nicht vom Operieren mit Vorstellungsbildern getrennt werden könne, sei es grundsätzlich unmöglich, fremde Kulturen in Ausdrücken der eigenen Sprache zu begreifen. Wittgensteins Alternative besteht im reinen Beschreiben mit neutralen Kategorien anstelle von Erklärungen (vgl. Wittgenstein 1975).

Diese Anregungen Wittgensteins beschäftigen auf verschiedene Weise die **linguistisch-anthropologisch fundierte Sozialforschung** (vgl. Wiggershaus 1975). Schon 1930 hatte allerdings B. Malinowski darauf hingewiesen, daß in der Ethnographie das Übersetzungsproblem zentral ist: »Es gibt in der Anthropologie keine größere Fehlerquelle, als die Benutzung mißverstandener und falsch gedeuteter, bruchstückhafter Wörterverzeichnisse der Eingeborenensprachen durch Beobachter, die mit dem betreffenden Idiom nicht völlig vertraut sind und seinen sozialen Charakter nicht kennen« (Malinowski 1930, S. 320). Hier versagt nicht nur die auf dem Prinzip der Äquivalenz von Inhalten beruhende Übersetzungskonzeption, sondern auch die, die kommunikative Äquivalenz anstrebt, weil die Verständnisvoraussetzungen in Form des Wissens über die soziologischen, sozialen, kulturellen usw. Strukturen ja nicht innerhalb der Übersetzung geliefert werden können. Auch in dieser Frage wären dagegen Möglichkeiten der Übersetzung in Erwägung zu ziehen, die Abstand, Verschiedenheit, Fremdheit im Text selbst zur Geltung bringen. Damit wird zwar nicht substantiell Verständnis vermittelt, aber doch ein Horizont von Verständnis und eine Vermeidung von Scheinverständnis. Die

Problematik läßt sich bereits am Begriff der ›primitiven Sprache und Kultur‹ erläutern. Dieser Begriff ist ja deutlich dem Fremdverstehen und nicht dem Eigenverstehen zugehörig und spiegelt zusätzlich die westliche Arroganz wider.

Dies führt zur **politischen Dimension des Übersetzens**. An Übersetzungskonzeptionen lassen sich z.b. imperialistische, totalitäre, liberale oder demokratische Momente herausarbeiten. So haben die römischen Übersetzungen aus dem Griechischen erobernden Charakter, die klassische französische Übersetzungskonzeption trägt nationalistische Züge, die der deutschen Romantik kann man liberal nennen, bei Klassiker-Übersetzungen gibt es seit dem Ende des 19. Jahrhunderts eine antielitär-demokratische Tendenz. Ein Modell für die historische Untersuchung der politischen Implikationen von Rezeptionsformen hat Reinhart Koselleck (1973) geboten.

Wie das Problem des **Fremdverstehens** gerade die philologischen Disziplinen herausfordert, wurde auf der Tagung der Internationalen Germanistenvereinigung in 1990 in Tokyo diskutiert. Die Interdependenz zwischen den Kulturen sei vielschichtig, hieß es in einem Beitrag, darum könne ihr nur ein kultursemiotisch erweiterter Begriff des literarischen Textes gerecht werden:

»Keine Literatur und keine Nationalphilologie besteht in und für sich und kann auf die Beschäftigung mit Übersetzungen verzichten. Wenn nun auch eine *Transformation* der Germanistik aufgrund ihrer Geschichte unmöglich scheint, so wäre eine Grenzverschiebung in Richtung einer Kulturwissenschaft unter Nutzbarmachung der von Übersetzungstheorie und -praxis erarbeiteten Einsichten in die dialogische Interdependenz von Eigenem und Fremden wünschenswert« (Nethersole 1991, in: *Akten, S. 232).

Die Übersetzungswissenschaft hat inzwischen auf Erkenntnisse jener Wissenschaften reagiert, die sich mit den komplexen Prozessen des Kulturkontaktes beschäftigen, und fordert von der Übersetzung nicht mehr, das Fremde bruchlos zum Eigenen zu machen. Der **Übersetzung als ausgezeichneter Form interkultureller Kommunikation** wird vielmehr die anspruchsvolle Aufgabe übertragen, gerade auch die Differenz, die für die Bildung kultureller Identitäten notwendig ist, sichtbar zu machen. Es handelt sich hier um eine Position, die zwischen relativistischen und universalistischen Ansätzen in den Kulturwissenschaften vermitteln möchte und unter dem Stichwort »Kultur als Übersetzung« die produktive Interaktion kultureller Differenzen anstrebt (vgl. Bachmann-Medick 1997, in: GB 12, S. 13f.).

Die ›**kulturwissenschaftliche Wende**‹ in der Übersetzungsforschung hat zu einem erweiterten Übersetzungsverständnis geführt, das in anthropologischer, kulturtheoretischer und politischer Perspektive nach der Repräsentation von Fremdheit und Andersheit in der Übersetzung sowie nach Formen kultureller Aneignung und Machtausübung durch Übersetzung fragt. Mit Hilfe kultursemiotischer Ansätze in der Ethnologie, durch die **Kulturen als Texte** erscheinen, kann untersucht werden, in welchen symbolischen Formen, Handlungsmustern und Szenarien fremde Kulturen sich darstellen und begreifbar werden. In der Bedeutung von Wörtern und Sätzen eines Textes verbergen sich kulturspezifische Denk- und Handlungsweisen. Mit welchen sprachlichen Mitteln die Übersetzung kulturelle Differenz markieren kann, und wie kulturelle Paradigmen, stereotypisierte Selbst- und Fremdbilder auf je unterschiedliche Weise zwischen den Nationalliteraturen ausgetauscht werden, hat die literaturwissenschaftliche Übersetzungsforschung mittlerweile in zahlreichen Einzelstudien untersucht. Die interkulturelle Germanistik, aus der die Übersetzungswissenschaft in letzter Zeit viele wichtige Impulse empfangen hat, fragt wiederum nach dem interkulturellen Potential von Literatur. Ohne die kulturenübergreifende Fähigkeit von Literatur, kulturelle Muster zu vermitteln und deren Fremdheit gleichzeitig abzubauen, gäbe es keine Weltliteratur (vgl. Mecklenburg 1987, S. 583).

Dieser Kanon der Weltliteratur wird von jüngsten, sogenannten **postkolonialen Positionen** in der Übersetzungswissenschaft mit dem Hinweis auf die tatsächlichen Asymmetrien in den kulturpolitischen Rahmenbedingungen von Weltliteratur und Übersetzung heftig angegriffen. Den Anstoß gaben Ethnographen, Kulturwissenschaftler und Auslandsgermanisten, aber auch Übersetzer der *writing back* genannten Bewegung aus der ›Dritten Welt‹, die Texte des europäischen Literaturkanons aus dem veränderten Blickwinkel postkolonialer Erfahrung neu übersetzten. Im Mittelpunkt ihrer Kritik steht eine Übersetzungsindustrie, die in Abhängigkeit von den literarischen Standards der westlichen Metropolen eine angelsächsisch dominierte ›Eine-Welt-Literatur‹ erzeugt, die bereits auf die Entstehung der Originale zurückwirkt, da die Autoren und Autorinnen sich an Maßstäben orientieren, die Zugang zu weltweiter Vermarktung entsprechen. Dem hält der postkoloniale Ansatz die Betonung kultureller Heterogenität entgegen, wie sie sich bereits aufgrund der Durchdringung der Kulturen und in den oft mehrsprachigen Texten der durch Migration und Exil gemischten kulturellen Identitäten der Autoren dokumentiert:

»Postkoloniale Übersetzung bedeutet demnach Dezentrierung und Lokalisierung von (gemischten) Kulturen – eine interkulturelle Aktivität, die quer verläuft zu den traditionellen Grenzlinien und Übersetzungsachsen der verschiedenen, voneinander separierten Hochkulturen und –literaturen« (Bachmann-Medick 1996, S. 901).

Postkoloniale Übersetzungsstrategien betonen kulturelle Verschiedenheit, indem sie die Tatsache der Übersetzung sichtbar machen. Mit Techniken wie Mehrsprachigkeit der Texte oder einem bewußt nicht korrigierten Kreolisch machen sie auf Phänomene wie Akkulturation und synkretistische Lebenserfahrungen zwischen verschiedenen Kulturen aufmerksam. Glossare, Anmerkungen und Einschübe markieren das kulturell Andere, ein kreativer, sprachbewegender Umgang mit der Zielsprache hat zum Ziel, ihr kulturelles und sprachliches Repertoire zu erweitern. Zwar berührt sich dieser politisch motivierte Übersetzungsbegriff mit einem neuen, gewandelten Verständnis vom Übersetzen, doch von einer umfassend veränderten Übersetzungspraxis kann vor allem bei den international erfolgreichen Werken keine Rede sein. Postkoloniale Positionen werden hauptsächlich in den USA vertreten, wo Differenz zum Kampfbegriff für die Behauptung kultureller und gesellschaftlicher Besonderheit geworden ist, während in Deutschland bisher nur einige programmatische Texte mit entsprechenden Forderung an zukünftige Forschungen erschienen sind.

Literatur:

Bachmann-Medick, Doris: Der Ganges fließt in Afrika. »Heimatloser Internationalismus« und die postkoloniale Sicht von Weltliteratur und Übersetzung. In: Stötzel G./Wierlacher A. (Hg.): *Blickwinkel: Kulturelle Optik und interkulturelle Gegenstandskonstitution, Akten des III. Internationalen Kongresses der Gesellschaft für Interkulturelle Germanistik*, München 1996, S. 889-902.
Bassnett S./Trivedi H. (Hg.): *Post-colonial translation: theory & practice*, London 1999.
Brenner, Peter Jürgen: Interkulturelle Hermeneutik. Probleme einer Theorie kulturellen Fremdverstehens. In: *Zimmermann 1989, S. 35-55.
Budick, S./Iser, W. (Hg.): *The Translatability of Cultures*, Stanford 1996.
Interkulturelle Kommunikation. Themenheft von Lili. *Zeitschrift für Literaturwissenschaft und Linguistik*, Heft 93 (1994).
Kopetzki, Annette: Verstehen des Anderen. Das Verhältnis zwischen Selbst- und Fremdverstehen im interkulturellen Dialog. In: J.-P. Wils J.P./Mahnke H. (Hg.): *Multikulturalität. Traum – Alptraum – Wirklichkeit*. Jahrespublikation 1989 der Zeitschrift Ethik und Unterricht, S. 4-9.
Koselleck, Reinhard: *Kritik und Krise*, Frankfurt a.M. 1973.
Krusche, Dieter: *Literatur und Fremde. Zur Hermeneutik kulturräumlicher Distanz*, München 1985.
Malinowski B.: *Das Geschlechtsleben der Wilden in Nordwest-Melanesien*, Leipzig/Zürich 1930.

Mecklenburg, Norbert: Über kulturelle und poetische Alterität. Kultur- und literaturtheoretische Grundprobleme einer interkulturellen Germanistik. In: Wierlacher, Alois (Hg.): *Perspektiven und Verfahren interkultureller Germanistik. Akten des I. Kongresses der Gesellschaft für Interkulturelle Germanistik*, München 1987, S. 563-584.

Nethersole, Reingard: Grenzverschiebung in der Germanistik: Plädoyer für die literarische Übersetzung. In: *Akten...* 1991, Bd. 5, S. 224-232.

Nida, Eugene A.: Linguistics and Ethnology in Translation. In: *Word* 1 (1945), S. 194-208.

Ogden C./Richards I.A.: *Die Bedeutung der Bedeutung*, Frankfurt a.M. 1974.

Pannwitz, Rudolf: *Die Krisis der europäischen Kultur*, Nürnberg 1947.

Pernzer, Maurice: Traduction et Sociolinguistique. In: *Langage* 7/28 (1972), S. 70-74.

Voegelin C.F.: Anthropological Linguistics and Translation. In: *To Honor Roman Jakobson*, The Hague 1967.

Wiggershaus R. (Hg.): *Sprachanalyse und Soziologie*, Frankfurt a.M. 1975.

Wittgenstein, Ludwig: *Bemerkungen zu Frazers The Golden Bough*. In: Wiggershaus 1975.

Whorf, Benjamin L.:*Language, Thought and Reality*, Cambridge, Mass. 1956.

III. Literaturwissenschaftliche Übersetzungs-forschung

1. Aspekte einer Theorie der Übersetzung

Dem Übersetzen, einer der kompliziertesten geistigen Tätigkeiten überhaupt, kann man sich mit vielen verschiedenen Erklärungsmodellen nähern. Ob das Phänomen als Beziehung zwischen Sprachen und ihren Kulturen, als Problem der Interpretation von Texten, als Teil der Literaturgeschichte oder der Wirkungsgeschichte eines Autors aufgefaßt wird, ob es als Modell für sprachphilosophische oder literaturtheoretische Überlegungen dient oder ob die Arbeit des Übersetzers zum Gegenstand psycho- und soziolinguistischer, kognitions- und handlungstheoretischer Untersuchungen wird – kein einzelner Beschreibungs- und Erklärungsansatz kann der Komplexität der Übersetzungsproblematik allein gerecht werden.

Was die Erfassung des Vorgangs des Übersetzens vor allem so ungemein kompliziert, ist, daß alle daran beteiligten Faktoren mit Ausnahme der Texte (nicht der Werke) selbst sich in ständiger Bewegung befinden. Die Tatsache, daß mit Original und Übersetzung in schriftlicher Form zwei Texte nebeneinander und gleichzeitig vorliegen, darf über diese Dynamik nicht hinwegtäuschen. Streng genommen nämlich sind Original, Übersetzung und Standpunkt des Wissenschaftlers nur als zeitliches Nacheinander denkbar, sowohl das Verständnis des Originals wie der Übersetzung sind Gegenwart nur insofern als sie vergegenwärtigt worden sind. Und dennoch ist der Prozeß des Verständnisses an das Nacheinander zuletzt nicht gebunden, da sich die Sicht des Früheren ebenso durch das Spätere ändert oder erweitert wie auch umgekehrt.

Die Bedeutung oder der Sinn eines Textes kann nicht in der Form des Wissens stillgestellt werden, sondern muß je und immer erneut verstanden werden. Aber auch in der Übersetzung liegt ja das Verständnis des Übersetzers nicht in ohne weiteres objektivierbarer Form zutage, sondern muß vom Leser einer Übersetzung erst erschlossen werden, und der spezifische Stellenwert dieses Verständnisses als »Konkretion des wirkungsgeschichtlichen Bewußtseins« (Gadamer 1975, S. 367) erschließt sich nur aus dem Zusammenhang mit vorherigen oder gleichzeitigen Konkretionen. Selbst bei Zugrundelegung eines einfachsten Kommunikationsmodells hat man es beim Vorgang des Übersetzens mit mindestens drei **verschiedenen Verständniskonstellationen** zu tun. Geht man vom Originaltext aus und begreift ihn als unter bestimmten gesellschaftlichen, individuellen und historischen Bedingungen entstanden und in einem bestimmten Verhältnis zu seiner Sprache stehend, so müssen bei der Untersuchung des Übersetzungsvorganges mindestens die folgenden drei Erscheinungsformen von Verständnis aufeinander bezogen werden:

a) die Rekonstruktion der Wirkung auf den zeitgenössischen **Leser** als Bezug der Eigenschaften des Textes auf dessen »Erwartungshorizont« (Jauss), der mit Hilfe von Rezeptionsdokumenten, der Darstellung von poetologischen Normen, ästhetischen Anschauungen, Informationen über den Stand der Sprache etc. als Bezugssystem objektivierbar gemacht werden kann.

b) die Rekonstruktion des Verständnisses des **Übersetzers** als Bezug der Eigenschaften des Textes zu den analogen Bedingungen des späteren Zeitpunktes der anderen Sprache, der entsprechenden Unterschiede der nationalen Tradition etc. Hinzu kommt aber hier der Bezug auf das Original als Text und auf das Original als Werk (also unter Einbeziehung seiner Entstehungs- und Wirkungsbezüge), sowie in vielen Fällen der Bezug auf eine spezifische Übersetzungstradition in der Zielsprache, da Übersetzer häufig ihre Lösungen in Anlehnung oder Abgrenzung zu früheren Übersetzungen erarbeiten.

c) das schließlich darzulegende Verständnis des **Wissenschaftlers** als Zusammenhang von Erkenntnis und Interesse zu einem dritten Zeitpunkt.

Dabei hätte sich der Übersetzungswissenschaftler von der Vorstellung zu lösen, man könne den Vorgang des Übersetzens unter quasi-naturwissenschaftlichen experimentellen Bedingungen beobachten. Dies ist wegen der notwendigen Zeitgebundenheit des Übersetzens eben nicht möglich. Daher sind auch die Sätze des Übersetzungswissenschaftlers – wie die analytische Geschichtsphilosophie sagt – »tensed«, d.h. ihre Wahrheit beruht auf dem Zeitpunkt, zu dem sie geäußert werden. Die Betrachtung ist retrospektiv, d.h. der Übersetzungswissenschaftler beobachtet seine Gegenstände unter Bedingungen, unter denen sie zur Zeit ihrer Entstehung nicht hätten beobachtet werden können. Es kann sich daher bei übersetzungswissenschaftlichen Erkenntnissen der Natur der Sache nach nur um Rekonstruktionen handeln, die nur innerhalb einer **Zeitstruktur** sinnvoll werden und nur in perspektivischer Verlängerung zu einem Entscheidungsprogramm und einer

Handlungsanweisung führen können. Übersetzungsforschung ist handlungsorientiert, insofern als sie ein Feld von Möglichkeiten dafür beschreibt, was unter welchen Umständen wie in einer Übersetzung erscheinen kann und was nicht.

Bei einer solchen Beschreibung des Problemhorizontes entsteht natürlich die Frage, wo denn überhaupt eine Grenze der einzubeziehenden Fakten zu setzen ist, wenn man nicht die Problematik atomisieren will. Tatsächlich gibt es diese Grenze eigentlich nicht, und auch in diesem Sinne hatten die Romantiker recht, **Übersetzung als eine** »**unendliche Aufgabe**« zu bestimmen. Wenn man daher in der Darlegung der Forschungsergebnisse je nach gewähltem Gegenstand und ausgewählten Aspekten eine Ökonomie des Präsentierten wird finden müssen, so darf dennoch nicht versäumt werden, an entscheidenden Stellen auf die Untiefen der Problematik hinzuweisen. Die Darstellung von G. Steiner (1994) bietet hier in ihrem ganzen Verlauf genügend Anschauungsunterricht, der die Skepsis gegenüber reduktionistischen Ansätzen weiter bestärkt.

Daß auch literaturwissenschaftliche Sichtweisen auf ein Allgemeines kommen und davon ausgehen müssen, ist die Not einer Literaturwissenschaft, die dem Einzelnen und Besonderen Gerechtigkeit widerfahren lassen will, ihre Tugend müßte es jedoch sein, das Einzelne nicht im Ganzen verschwinden zu lassen, sondern das spezifische Verhältnis des Besonderen zu seinem Begriff darzustellen. Gerade was die Übersetzungsforschung anbelangt, kann die Wissenschaftlichkeit der Vorgehensweise nicht in der Faktizität der Resultate begründet werden, sondern im Verhältnis der Gegenstände (z.B. Original und Übersetzung) zueinander.

Eine **Theorie literaturwissenschaftlicher Übersetzungsforschung** wird sich auf das Verhältnis der Übersetzungstheorie zur Poetik, zur Sprachtheorie und (soweit vorhanden) zur Geschichtstheorie konzentrieren müssen. Dieses Verhältnis ist spätestens seit dem Ende des 18. Jahrhunderts kein bloßes Abhängigkeitsverhältnis mehr. Während noch im französischen Klassizismus und dessen Rezeption in der deutschen Aufklärung die theoretische Reflexion des Übersetzens weitgehend eine Funktion der herrschenden Kunstlehre und des (rationalistischen) Sprachbegriffs war, erlangt gleichzeitig mit der Abkehr von der Regel- und Nachahmungspoetik und der Entstehung des neuzeitlichen Geschichtsbegriffs die Übersetzungstheorie einesteils größere Selbständigkeit, anderenteils tritt sie in Wechselwirkung mit Kunsttheorie, Geschichtsdenken und Sprachtheorie, ja sie bringt bestimmte historische und hermeneutische Probleme überhaupt erst zu Bewußtsein. So ist die Abkehr vom rationalistischen Sprachbegriff sehr erheblich auch durch Erkenntnisse der Übersetzungstheorie befördert worden. Analog dazu hat Übersetzungstheorie auch in der Folgezeit immer wieder zu neuen Erkenntnissen der Sprachkunst und Geschichtstheorie geführt, was sich ja sogar bis in die linguistische Übersetzungsforschung hinein verfolgen läßt.

Im Ganzen sollte Übersetzungstheorie als Teil einer literaturwissenschaftlichen Übersetzungsforschung nicht ohne historische Basis betrieben werden, da erst durch sie ganz deutlich wird, daß Übersetzen nicht als technisches Verfahren und geschlossenes Problem bestimmt werden kann, sondern nur als ein dynamischer, an die Werke und die Geschichte gebundener Problemzusammenhang.

Literatur:

Ette, Ottmar: Mit Worten des Anderen. Die literarische Übersetzung als Herausforderung der Literaturwissenschaft. In: Armbruster C./Hopfe K. (Hg.): *Horizont-Verschiebungen. Interkulturelles Verstehen und Heterogenität in der Romania*, Tübingen 1998, S. 13-33.

Grimm, Gunter: *Rezeptionsgeschichte. Grundlegung einer Theorie*, München 1977.

Huyssen, Andreas: *Die frühromantische Konzeption von Übersetzung und Aneignung*, Zürich/Freiburg 1969.

Jauss, Hans Robert: *Literaturgeschichte als Provokation der Literaturwissenschaft*, Frankfurt a.M. 1970.

Koselleck R./Stempel W.D. (Hg.): *Geschichte, Ereignis und Erzählung*, München 1973.

Szondi, Peter: Von der normativen zur spekulativen Gattungspoetik. In: *Poetik und Geschichtsphilosophie II*, Frankfurt a.M. 1974.

ders.: *Hölderlin-Studien. Mit einem Traktat über philologische Erkenntnis*, Frankfurt a.M. 1977

2. Der Beitrag der Linguistik

Die Einsicht, daß der komplexe Übersetzungsvorgang mit rein linguistischen Mitteln nicht bestimmbar ist, und daß der Begriff der Übersetzung nicht mit einer Definition technischer Verfahren zusammenfallen kann, setzte sich schließlich auch in der Übersetzungswissenschaft durch. Ein wachsendes, teilweise handlungstheoretisch fundiertes Interesse am Prozeß der Übersetzung selbst lösten die Orientierung am Ausgangstext und an der normativen Kategorie der Äquivalenz ab. »Translatorisches Handeln« wird nun als »kultureller Transfer« begriffen, seine rational begründbare Geltungsbasis ist die

»Sicherung von Kommunikation«, und als Kriterium einer Erfüllung des »Übersetzungszwecks« gilt die »kommunikative Äquivalenz« zwischen Original und Übersetzung (vgl. Holz-Mänttari 1984; *Reiß/ Vermeer 1991).

Nach ihrer 1986 ausgerufenen ›Neuorientierung‹ trat die Disziplin als ›integrierte Übersetzungswissenschaft‹ auf und schien den Graben schließen zu wollen, der die linguistische Übersetzungswissenschaft von den etwa gleichzeitig entstandenen literaturwissenschaftlichen Beiträgen zur Übersetzungsproblematik getrennt hatte. Diese Beiträge, vor allem aus der Vergleichenden Literaturwissenschaft und Komparatistik, hatten ihr Selbstverständnis nämlich gerade über eine Abgrenzung zur linguistischen Übersetzungsforschung ausgebildet: Die Übersetzung literarischer Texte gründe auf einem prinzipiell unabschließbaren hermeneutischen Verstehensprozeß, daher sei ein normativ-idealtypischer Begriff des Übersetzens und eine Übersetzungswissenschaft, die allgemeine Handlungsanweisungen formuliert, mit den Bedingungen des literarischen Übersetzens unvereinbar.

Eben diese technische **Definition des Übersetzens als Problemlösung** unter der Prämisse einer prinzipiellen Übersetzbarkeit aller Texte, blieb jedoch das Charakteristikum vieler Beiträge zur Übersetzungswissenschaft. Ihr präskriptiver Übersetzungsbegriff unterscheidet sie darum weiterhin von der literaturwissenschaftlichen Übersetzungsforschung. Wenn diese sich nämlich weigert, das Übersetzungsproblem als Differenz zwischen literarischen und Sachtexten zu formulieren, dann tut sie das vom genau entgegengesetzten Standpunkt aus, dem einer generellen, paradoxen ›Unübersetzbarkeit‹ aller sprachlichen Phänomene. Das Übersetzen erscheint in dieser Perspektive, die weitgehend von einem relativistischen Sprachbegriff und hermeneutischen Verfahren charakterisiert wird, immer als eine ›unendliche Aufgabe‹: auf Sinnverstehen und Textauslegung gegründet, ist es ein individueller, schöpferischer Umgang mit der Sprache. Viele literaturwissenschaftliche Beiträge zur Übersetzungsforschung beschränken sich daher auf historisch-deskriptive Darstellungen und versuchen, präskriptive Festschreibungen auch dort zu vermeiden, wo sie sich um eine literaturtheoretisch begründete Definition des Übersetzungsbegriffs bemühen.

Funktionalistische Übersetzungstheorien

Einen explizit normativen Übersetzungsbegriff vertreten Reiß/Vermeer (1991). Ihre »Skopostheorie« und das von Chr. Nord auf dieser Grundlage weiterentwickelte **Konzept des »funktionalen Überset-**

zens« beansprucht, auf alle Textsorten anwendbar zu sein und ist überwiegend am Gelingen der Kommunikation mit der Adressatenkultur interessiert. Übersetzung wird als eine Handlung verstanden, die durch ihren Zweck, nämlich Information und Kommunikation, definiert ist. Das zweckdienliche translatorische Handeln interpretiert den Ausgangstext im Hinblick auf seine Anknüpfbarkeit an die Zielkultur, das heißt, die Übersetzung verstärkt die Autorenintention zweckfunktional, indem sie das ausgangskulturelle Wirkungspotential des Textes den Leseerwartungen des Zielpublikums anpaßt, wobei der Informationsstand und die Bedürfnisse der Adressaten berücksichtigt werden müssen. Statt von »Treue« möchte Nord darum lieber von »Loyalität« gegenüber dem »Sender« wie dem »Empfänger« sprechen. Sie ist der Rahmen, in dem die »zielfunktionsrelevanten« Merkmale eines literarischen Textes so übersetzt werden müssen, daß der Kommunikationszweck erfüllt ist (vgl. Nord 1989).

Das Kommunikationsparadigma der »Allgemeinen Translationstheorie« von Reiß/Vermeer ist als »Rückschritt in der Übersetzungstheorie« (Kelletat 1987), ja sogar als »Behaviourismus« (*Albrecht 1998, S. 259) kritisiert worden. Nicht nur verstärken die Fixierung auf Kommunikation und die verordnete Ausrichtung an einer vermeintlich homogenen Leserschaft, der keine eigene Verstehensbemühung um die fremden literarischen und kulturellen Informationen zugemutet wird, kulturelle Klischees eher, anstatt sie in der interkulturellen Kommunikation abzubauen. Der pragmatische Begriff des »translatorischen Handelns«, das der »Erfüllung eines kommunikativen Auftrags in einer Zielkultur« (Vermeer 1987, S. 541) dient, offenbart auch, daß hier an den alten Dichotomien zwischen Form und Inhalt, Buchstabe und Geist, Zeichen und Bedeutung, festgehalten wird. Vorausgesetzt wird nämlich auch in der »zielkulturell orientierten« Übersetzungstheorie, daß es einen – von seiner sprachlichen Form offenbar ganz unabhängigen – »kulturspezifischen« Inhalt literarischer Texte gibt, der »den Rezipienten der Übersetzung mitgeteilt werden soll«(Vermeer 1987, S. 542).

Übersetzung als Prozeß

Andere kommunikationstheoretische Ansätze der Übersetzungsforschung versuchen, der wesentlichen Offenheit ihres Gegenstandes gerechter zu werden, indem sie einen prozeßorientierten Übersetzungsbegriff vertreten. Wenn Übersetzung nämlich nach der hermeneutischen Analyse des Problems nicht die Wiedergabe des Sinnes oder der Bedeutung eines Textes ist, sondern die sprachliche Objektivation eines je historisch, gesellschaftlich und subjektiv bestimmten Verstehens, kann jede ›fertige‹ Übersetzung nur als Konkretion oder aber Stillegung eines Erfahrungsprozesses verstanden werden. Denn das bestimmte Verstehen – das ist von Übersetzern bestätigt worden – stellt sich erst in der Übersetzung selber her, vollendet sich gleichsam erst im letzten Wort, ohne allerdings damit auch selbst zu seinem absoluten Ende zu kommen. Dieser Prozeß muß in der Rezeption eines Lesers gleichsam wieder verflüssigt werden.

Von solcherart hermeneutischen Rücksichten zeugen die jüngeren Versuche der Übersetzungsforschung, einen **prozeßorientierten Übersetzungsbegriff** kommunikationstheoretisch oder psycholinguistisch zu definieren. Im Gegensatz zu einer resultat- oder textorientierten Definition möchte z.B. F. Liedtke den Übersetzer auf »die Angleichung hypothetischer Verstehensleistungen« verpflichten (Liedtke, 1994, S. 154). Übersetzen erscheint nicht als Transport oder als Substitution von Bedeutung, sondern zum entscheidenden Kriterium für das Gelingen einer Übersetzung wird die »Wirkungsäquivalenz«. Im ihrem Dienst darf der Übersetzer mit den sprachlichen Einheiten des Originals durchaus frei umgehen.

Nicht Äquivalenz, sondern Differenz erklärt dagegen Ch. Hollender (1994) zum entscheidenden Moment in einer Theorie des Übersetzens. Er schlägt vor, zur Erforschung der psychischen und sprachlichen Vorgänge bei der übersetzerischen Arbeit, auf den Begriff der »inneren Sprache« zurückzugehen, wie er in den 20er Jahren vom Prager Linguistischen Kreis eingeführt wurde. Damit ließe sich beschreiben, welche Funktionen diese vermittelnde Instanz zwischen dem subjektivem Gedanken und der intersubjektiven Sprache im Übersetzungsprozeß erfüllt. Besonders die Übersetzung literarischer Texte verlange vom Übersetzer, auf den Gestaltungsprozeß zurückzugehen, in dem der Autor seine innere Sprache in die äußere Sprache des Textes transformiert hat. Das Verhältnis zwischen Original und Übersetzung läßt sich daher weder als Ersatz, noch als Reproduktion unter dem Diktat der Identität oder Äquivalenz beschreiben. Sein konstitutives Moment ist die **Differenz**, die Original und Übersetzung zugleich trennt und verbindet. Differenz entsteht unter anderem durch das zeitliche und logische Nacheinander beider Texte, vor allem aber durch das unaufhebbare subjektive Moment des individuellen Sprachverstehens. Die Verankerung der kommunikativen Sprache in der inneren Sprache und der besonderen psychischen Struktur des Verstehenden bewirkt jene Differenzen zwischen Original und Übersetzung, die hier, wie schon bei der hermeneutisch verfahrenden Übersetzungstheorie, nicht als Mangel, sondern als Bereicherung aufgefaßt werden.

Subjektivität des Übersetzens

Die vorgestellten Beiträge zeigen einen Weg, auf dem die Individualität des Umgangs mit Sprache, die die linguistisch orientierte Übersetzungswissenschaft als unkalkulierbare, »subjektive Komponente« möglichst außer Kraft setzen möchte (Wilss 1988, S. 106), auch der empirischen Forschung zugänglich gemacht werden kann. Die »terra incognita« übersetzerischer Kreativität und die »wissenschaftlich nicht mehr erreichbare Zone der Intuition« (Wilss 1988, S. 110) sind das Skandalon für eine Übersetzungswissenschaft, die die Lösung von Übersetzungsproblemen als eine endliche, geregelte und prinzipiell von jedem Übersetzer in gleicher Weise lösbare Aufgabe begreift. Zwar nimmt die wissenschaftstheoretische Skepsis gegenüber dem pluralen Nebeneinander unzähliger konkurrierender Modelle in der Übersetzungswissenschaft, wie es besonders die Handbücher jüngeren Datums spiegeln, zu. Dennoch charakterisiert es ihren unverändert szientistischen Rationalitätsbegriff, wenn einer ihrer Hauptvertreter an der Überzeugung festhält, Subjektivität im Übersetzungsvorgang sei aufgrund der Komplexität der Erklärungsmodelle lediglich eine Frage entsprechender Quantifizierung.

Dieses Dilemma der Übersetzungswissenschaft, die den Übersetzungsvorgang einerseits durch immer neue Beschreibungs- und Erklärungsmodelle transparent machen möchte, andererseits aber zunehmend ratlos vor deren interdisziplinärem Wildwuchs steht, gründet darauf, daß sie Übersetzen als strategisches Problemlösungsverfahren mit einem rationalistischen Sprachbegriff verbindet, bei dem Sprache als geschlossenes System erscheint, aus dem die Sprecher, universell gültigen Regeln folgend, Bedeutungen deduzieren. Operationalisierbare Ergebnisse erwartet die Übersetzungswissenschaft dementsprechend auch von den wissenschaftlichen Modellen, denen sie sich zuwendet. So haben Erklärungsmodelle, die das Sprachverstehen als Strategie der Informationsverarbeitung beschreiben, ebenso Eingang gefunden wie Ansätze, die die Sprachschöpfungen und Intuitionen des Übersetzers in einem kognitionswissenschaftlichen Rahmen modellieren (vgl. LiLi, *Zeitschrift für Literaturwissenschaft und Linguistik*, Heft 84). H.-G. Hönig wiederum mußte bei seinen empirischen Studien, mit denen er versuchte, »intuitives Übersetzerverhalten kategorial und prozessual dingfest zu machen«, erfahren, daß der kognitive Weg zur Lösung von Übersetzungsproblemen zwar rekonstruiert werden konnte, die Evidenz dieser Lösungen sich jedoch wiederum nur subjektiv begründen ließ (Hönig. In: *Arntz/Thome 1989, S. 161).

Offenbar bewegt das Übersetzen sich in einem Spannungsfeld zwischen dem Individuellen und dem Allgemeinen einer Sprache.

Individuelle, kreative Lösungen sind weder vorhersehbar, noch reproduzierbar, unsystematisch und nicht methodisch, denn die sprachliche Regel, die schöpferische Intuitionen zu stimmigen, plausiblen Übersetzungslösungen macht, existierte zuvor noch gar nicht, sondern wird durch den kreativen Einfall des übersetzenden Individuums allererst aufgestellt. Keine axiomatische oder von außen verifizierbare »Translationsregel« hat zu ihr geführt.

Die Einsicht, daß wegen des »Kunstcharakters« des Übersetzens »bestimmtere Vorschriften [...] hier nicht zu geben (sind), weil in jedem einzelnen Fall die Aufgabe eine andere ist«, hatte schon Schleiermacher formuliert (HuK, S. 81). Auf seine berühmte Abhandlung zur Übersetzung (vgl. Kap. IV.4) berufen sich viele literaturwissenschaftliche Beiträge zur Theorie der literarischen Übersetzung. Eines der Hauptprobleme dieser Theorie ist es nämlich, den allgemeinen Anspruch theoretischer Erklärungsmodelle mit der Besonderheit einer ästhetischen Praxis wie dem Übersetzen literarischer Texte zu vermitteln. In der Geschichte der Übersetzungstheorie haben die Übersetzer den Theoretikern daher auch immer wieder vorgeworfen, das Besondere der künstlerischen Arbeit mit Sprache und die subjektive Deutung reduktionistisch zum Fallbeispiel ihrer allgemeinen Sätze zu machen, während die Theoretiker umgekehrt ›Werkstattberichte‹ der Übersetzer wegen der Zufälligkeit ihrer Beispiele meist ignoriert haben.

Literatur:

Doherty, Monika: Übersetzungstheorie – Vom Kuriositätenkabinett zur kognitiven Wissenschaft. In: LiLi 21(1991), S. 7-13.

Forget, Paul: Aneignung oder Annexion. Übersetzen als Modellfall textbezogener Interkulturalität. In: Wierlacher, A. (Hg.): *Perspektiven und Verfahren interkultureller Germanistik*. München 1987, S. 511-526.

Hönig H.G./Kußmaul P.: *Strategie der Übersetzung. Ein Lehr- und Arbeitsbuch*, Tübingen 1982.

Hönig, Hans Gert: Sagen, was man nicht weiß – wissen, was man nicht sagt. Überlegungen zur übersetzerischen Intuition. In: *Arntz/Thome 1989, S. 152-162.

Hollender, Christoph: Das heißt sozusagen mit anderen Worten etwas ander(e)s gesagt. In: *Gössmann/Hollender 1994, S. 203-216.

Keller, Rudi (Hg.), *Linguistik und Literaturübersetzen*, Tübingen 1997.

Kelletat, Andreas F.: Die Rückschritte der Übersetzungstheorie. Anmerkungen zur »Grundlegung einer allgemeinen Translationstheorie« von K. Reiß und Hans J. Vermeer. In: Rolf/Schleyer/Walter (Hg.): *Materialien Deutsch als Fremdsprache* 26 (1987), S. 33-49.

Klein, Wolfgang: Was kann sich die Übersetzungswissenschaft von der Linguistik erwarten? In: LiLi 21 (1991), S. 104-114.

Kohlmayer, Rainer: Der Literaturübersetzer zwischen Original und Markt. Eine Kritik funktionalistischer Übersetzungstheorien. In: LS 4 (1988), S. 145-155.

Kußmaul, Paul: *Kreatives Übersetzen*, Tübingen 2000.

Liedtke, Frank: Von Ufer zu Ufer – Übersetzen aus linguistischer Sicht. In: *Gössmann/Hollender 1994, S. 151-165.

Nord, Christiane: *Textanalye und Übersetzen*, Heidelberg 1988.

dies.: Loyalität statt Treue. Vorschläge zu einer funktionalen Übersetzungstypologie. In: LS 34 (1989), S. 100-105.

Schleiermacher, Friedrich: *Hermeneutik und Kritik* [1977]. Hg. v. Manfred Frank, Frankfurt a.M. [4]1990.

Vermeer, H.-J.: Literarische Übersetzung als Versuch interkultureller Kommunikation. In: Wierlacher, A. (Hg.): *Perspektiven und Verfahren interkultureller Germanistik*. München 1987, S. 541-550.

Wilss, Wolfram: Zur Praxisrelevanz der Übersetzungswissenschaft. In: LS 1 (1991), S. 1-7.

3. Der Beitrag der Literaturwissenschaft

Auf ihrem ersten internationalen Kongreß, 1965 in Hamburg, forderten die literarischen Übersetzer die Literaturwissenschaft auf, sich mit der Aufgabe des Übersetzers zu beschäftigen und auf der Grundlage von Übersetzungsanalysen **Kriterien für die Übersetzungspraxis** und Übersetzungskritik zu entwickeln (vgl. *Italiaander 1965, S. 182ff.). Tatsächlich hatte es außer punktuellen Übersetzungsanalysen in der Komparatistik und Vergleichenden Literaturwissenschaft bis zu diesem Zeitpunkt keine selbständige Publikation zur Übersetzungsproblematik von literaturwissenschaftlicher Seite gegeben. Man griff auf vor dem Krieg entwickelte Theorieansätze zurück.

In Deutschland stammten die ersten Versuche, ein Instrumentarium für die Übersetzungsanalyse und Grundlagen einer Theorie der literarischen Übersetzung zu entwickeln, von übersetzenden Schriftstellern oder Übersetzern selber. Ihre Ansätze zur Begriffsbildung und Systematisierung der Probleme waren daher eng an die zitierten Beispiele gebunden. Der Anglist und Übersetzer Klaus Reichert wehrte den verallgemeinernden Anspruch der Theorie sogar grundsätzlich ab: »Es gibt keine Methode des Übersetzens und keine Theorie [...] jede Methode gilt gerade für das Exempel, an dem sie sich beweisen will« (SprtZ, 21 (1967), S. 16).

Systematische Arbeiten aus den 60er Jahren

In den 60er Jahren erschienen die ersten literaturwissenschaftlichen Beiträge zur Übersetzungstheorie mit einem systematischen Anspruch. Hugo Friedrich geht sehr pointiert vom **Übersetzen als einer Kunst** aus, jedoch erscheint beim ihm die ästhetische Erfahrung des Originals vor allem als stilistische. Der Stellenwert einzelner Stilphänomene wird aus literarischen Traditionen heraus begründet, zugleich aber sind stilistische Beobachtungen nach Friedrich immer auch wertend: bei der Übersetzungskunst könne man ohne »regulative Normen« (*Friedrich 1965, S. 7) nicht auskommen. Die wichtigste regulative Norm bei Friedrich ist die Forderung nach »Stilangleichung«, die er u.a. unter Berufung auf Humboldt und Schleiermacher begründet, und die sich in einem Raum zwischen Stilüberbietung und Stilunterbietung zu bewegen hat (S. 20f.). So erhellend Friedrichs Analyse im einzelnen ist, es bleibt doch weitgehend ungeklärt, unter welchen Gesichtspunkten Stilphänomene vergleichbar werden. Unausgesprochen geht Friedrich nämlich von einer Universalität und Zeitlosigkeit der stilistischen Verfahrensweisen aus.

Daß die **Verfahren vergleichender Textanalyse** ein Kernstück literaturwissenschaftlicher Übersetzungsforschung sein können, zeigt Peter Szondis Analyse einer Shakespeare-Übersetzung von Paul Celan. Szondi arbeitet zwar ebenfalls mit den Mitteln der Stilanalyse und Stilkritik, kommt jedoch zu der Feststellung, daß eine Übersetzung primär gar nicht den historischen Stand der Sprache, bzw. der Sprachverwendung angibt, sondern allererst Unterschiede in der Sprachkonzeption (Szondi 1972, S. 12), als der Weise, in der sich das Formbewußtsein des Übersetzers auf die Sprache bezieht. Daher sei der Abstand von Original und Übersetzung durch die Differenz der Sprachkonzeption zu bestimmen. Insbesondere ließe sich in Celans Übertragung die Tendenz beobachten, Sprache selbst sprechen zu lassen, indem z.B. ein Thema des Originals in der Übersetzung als Formprinzip erscheint, als ein sprachlich Geformtes nicht dargestellt, sondern vollzogen wird. Beständigkeit ist das Thema von Shakespeares Sonett, in Celans Übertragung wird es zum Prinzip der Versgestaltung. Damit zielt Celan auf die Kontinuität einer lyrischen Tradition als Bewegung von Form und Sprache unter Einbeziehung der veränderten poetologischen Bedingungen.

Im Anschluß an Friedrich versuchte Rudolf *Kloepfer (1967) eine aktualisierende Anwort auf die Frage »**Was ist literarische Übersetzung?**«. Eine Theorie der literarischen Übersetzung müsse sich, so Kloepfer, eng an die Hermeneutik und Poetik binden, da das Übersetzen selber ein »ins Offene führender Deutungsversuch von Dichtung«, eine poetische Hermeneutik des Originals sei (S. 84). Kloepfer knüpft explizit an frühromantische Theorien an. Da diese viele übersetzungstheoretische Grundfragen bereits auf hohem Niveau formuliert habe, untersucht er im ersten Teil historische Konzepte nach typologisch-systematischen Gesichtspunkten. Den Stilbegriff faßt er etwas weiter, indem das Problem der Sprachebenen, das Verhältnis von Wort und Wirklichkeit, Form und Tradition, sowie den Texten immanente Sprachreflexion mit den Stilbeobachtungen vermittelt werden. Wo Kloepfer nicht wertet, versucht er den Stellenwert von Einzelbeobachtungen durch Rekurs auf ein Funktionsganzes zu bestimmen.

Unter Berufung auf Walter Benjamin, der die Übersetzung eine besondere Form des Fortlebens eines Textes nennt, entwickelt Kloepfer einen Begriff der Übersetzung, der sie zu einem konstitutiven **Bestandteil der Wirkungsgeschichte** des seinerseits prozessual aufgefaßten Werks macht. Übersetzungen sind also nicht nur möglich, sind auch nötig als Einspruch gegen das Vorurteil, es könne ein fragloses, gleichbleibendes Verständnis des Originals geben. Unvollkommenheit sei das Signum des Verstehens wie der Übersetzung eines literarischen Werks. Obwohl das Übersetzen also ein prinzipiell unabschließbarer hermeneutischer Prozeß ist, muß eine Übersetzung »dieselbe Wirkungskraft haben wie das Original« und »ein dem Original analoges Ganzes« hervorbringen (*Kloepfer 1967, S. 67, 122).

Für den Übersetzer ergibt sich in Kloepfers Konzept jedoch folgende Schwierigkeit, die indirekt auf eines der zentralen Probleme hermeneutisch begründeter Übersetzungstheorie hinweist: Der Übersetzer muß den Text einerseits besonders gut verstehen, ja er dürfte in einem bestimmten Zeitraum wohl als einer der kompetentesten Leser des Werks gelten. Aber er darf dieses umfassende Verständnis nicht in seiner Übersetzung dokumentieren, denn er muß eine dem Original analoge Form wahren. Seine Übersetzung stellt also, gemessen an seinem Verständnis und verglichen mit den Möglichkeiten von Textanalyse und Kommentar, ein unvollkommenes Dokument seines Verstehensprozesses dar. Eine Übersetzung ist kein Rezeptionstext, sie darf zum Beispiel poetische Metaphern nicht erklären, sondern ihr Verständnis ausschließlich an der Übersetzung der Metapher ausweisen. Kloepfer gerät durch seinen prozessualen Werkbegriff in Versuchung, Dichten, Verstehen und Übersetzen zu identifizieren. Die interpretierende, kommentierende Rekonstruktion eines literarischen Werks und die kreative Konstruktion eines Analogons in einer anderen Sprache sind jedoch kategorial verschiedene Formen seiner Wirkungsgeschichte. Um diese wichtige Unterscheidung kreisen zahlreiche Theorien der literarischen Übersetzung, und sowohl die Literaturtheorie als auch die Übersetzungskritik können sich diese Differenz zunutze machen.

Der Tendenz, Übersetzungen als Teil der Wirkungsgeschichte des Originals zu sehr von dessen formalen, inhaltlichen, sprachlichen und kulturellen Vorgaben zu lösen, wirkte der tschechische Strukturalist Jiri Levý entgegen, indem er die Übersetzung im Rahmen seines vorwiegend am Original orientierten Ansatzes als »reproduktiv« bezeichnete. Dennoch darf eine Übersetzung bei Levý nicht als solche erkennbar sein, wie die Theorie verfremdender Übersetzungen fordert. Levý bestimmt seine Position im Gegenteil als »illusionistische« **Theorie der Übersetzung**. Der Übersetzer habe die Aufgabe, im Leser die Illusion zu wecken, »daß er die Vorlage lese« (*Levý 1969, S. 18).

Wegweisend und zum Zeitpunkt ihres Erscheinens noch ganz neu ist Levýs Forderung, Übersetzungstheorie in einen umfassenderen, systemtheoretischen Ansatz einzubetten, der sich mit der Sprach- und Literaturentwicklung im Verhältnis der Kulturen zueinander befaßt. Für das Verhältnis zwischen Nationalliteraturen und Weltliteratur formuliert Levý ein interessantes Gesetz: »Die Übersetzung ist vom nationalen Gesichtspunkt ein die Entropie erhöhender und vom internationalen ein die Entropie verringernder Faktor« (S. 172). In anderer Terminologie wird dieser Gedanke später von den systemtheoretisch fundierten Studien der angelsächsischen *Translation Studies* aufgegriffen. Auch die erst in den 80er Jahren programmatisch formulierte »Neuorientierung« der Übersetzungswissenschaft, die den Übersetzungsbegriff dynamisierte und zu einem »kulturellen Transfer« machte, ist bei Levý vorgezeichnet.

Methodenpluralismus in den 80er Jahren

Levýs Beitrag zur literaturwissenschaftlichen Übersetzungstheorie zeigt, daß die Anwendung strukturalistischer Methoden dem prozessual-offenen, historischen Übersetzungsbegriff der hermeneutischen Schule eine sinnvolle Grenze setzt, indem sie der Übersetzungsanalyse das Original als Maßstab der Beurteilung zurückgibt. Andererseits zeichnet sich bereits bei diesem Beitrag aus den 60er Jahren jener eklektische Methodenpluralismus ab, der das Übersetzungsproblem mit einer Vielzahl konkurrierender, teilweise unvereinbarer Modelle zu erklären versucht, und die literaturwissenschaftliche wie linguistische Übersetzungstheorie bis heute charakterisiert.

So zählte zum Beispiel Horst Turk, der den Göttinger Sonderforschungsbereich »Die Literarische Übersetzung« leitete, eine Fülle von Problemfeldern und Ansätzen zu einer Theorie der literarischen Über-

setzung auf, doch die vorgeführten zentralen Begriffe übersetzungs-
theoretischer Forschung, wie z.b. »Bedeutungs-, Sinn- und Ausdrucks-
übersetzung« oder »Adäquatheit, Äquivalenz und Korrespondenz«
fügen sich nicht zu einer systematischen Erfassung der Übersetzungsproblematik zusammen, da sie zum Teil sehr unterschiedlichen wissenschaftlichen Beschreibungs- und Erklärungsmodellen verpflichtet sind
(vgl. *Turk 1989, S. 28-82).

Einen ähnlich heterogenen Eindruck machen die Beiträge des 8.
Internationalen Germanistenkongresses 1990, der sich unter dem Titel »Begegnung mit dem Fremden« mit der literarischen Übersetzung
beschäftigte. Auch die *Einführung in die Übersetzungswissenschaft* (^{6}
2001) von Werner Koller gibt trotz des Versuchs, die bestehenden
Forschungsansätze um den zentralen Begriff der ›Äquivalenz‹ herum
zu ordnen, nur einen eindrucksvollen Überblick über deren Fülle, der
ein interdisziplinäres Gesamtkonzept fehlt. Bis heute hat es keinen
Versuch gegeben, auch nur einzelne dieser Ansätze zu einem systematischen Zugriff zu verbinden, wie ihn noch Kloepfer oder Levý und
unter anderem Vorzeichen auch Reiß/Vermeer und Nord versuchten.

Dennoch stellt die Fülle interessanter Vorschläge zur Entwicklung
einer Theorie der literarischen Übersetzung, die in den letzten zwei
Jahrzehnten gemacht wurden, forschungsgeschichtlich durchaus einen
Fortschritt dar. Die Vorsicht vor reduktionistischen Ansätzen ist ebenso gewachsen wie die Einsicht in die Komplexität des Phänomens,
auf die z.B. Steiner (1994) eindringlich hinwies. Übersetzungstheorie
begreift sich heute selbstverständlich in Wechselwirkung mit Ge-
schichtsforschung, Sprach- und Literaturtheorie und versucht, statt
einen fixen Übersetzungsbegriff zu formulieren, der Vielfalt möglicher
Übersetzungsstrategien und texttypologischer Vorgaben durch das
Original Rechnung zu tragen. So haben die Göttinger Forschungen
sich z.B. auf eine »heuristische« Bestimmung des Übersetzungsbegriffs
beschränkt, die lautet: »Literatur übersetzen heißt [...], eine Interpretation eines literarischen Werks übersetzen«. Diese Interpretation sei
»zumindest dem Anspruch nach literatursprachlich« verfaßt (Frank.
In: GB 1, S. XV).

Literaturtheoretische Definitionen

Manche Ansätze versuchen, ihre texttypologische Einordnung der
Übersetzung literaturtheoretisch zu begründen. Turk bezeichnet die
Übersetzung unter Berufung auf das Konzept der zweiphasigen Künste wie Musik oder Theater als »weitere Erscheinungsform oder Ma-
nifestation des Originals« (*Turk 1989, S. 55) und Karlheinz Stierle

bestimmt sie als dessen »Schatten« oder »Negation«, die sich allerdings durch möglichst zahlreiche Momente, mit denen sie den abwesenden, negierten Originaltext präsent hält, als »bestimmte Negation« ausweisen soll (Stierle 1990, S. 161, 165).

Während diese Definitionen einem Verhältnis der Äquivalenz zwischen Original und Übersetzung verpflichtet sind, beruht ein anderer Begriff der Übersetzung, der sie eine »**Variante**« des **Originals** nennt, auf der Überzeugung, »daß im Akt des Übersetzens Strukturen anderer Art entstehen, als in den originalen Werken der Zielliteratur« (Nickau 1988-89, S. 270). Als »Variante« ist die Übersetzung zwischen der reinen Textüberlieferung und den Bearbeitungen, Neu- und Nachschöpfungen angesiedelt. Je nachdem, wie viele fremde sprachliche und kulturelle Elemente des Originals sie beibehält, kann die Übersetzung »Übereinstimmungen und Differenzen zwischen den Sprachen, Literaturen und Kulturen im Gebrauch der eigenen artikulieren« (Turk 1988-89, S. 260). Ob sie einen in der eigenen Literatur noch unbekannten Autor durch eine besonders leicht lesbare Übersetzung allererst zugänglich machen möchten, oder ob sie bestrebt sind, die Differenz zwischen den Sprachen und Kulturen durch eine spröde ›Übersetzungssprache‹ mitzuformulieren – der »Informationsüberschuß« in Form von kommentierenden Zusätzen oder erläuternden Übersetzungslösungen läßt solche Übersetzungen zu überinstrumentierten, sogenannten »**gelehrten**« **Übersetzungen** werden (vgl. *Turk 1989, S. 37).

Klärend ist angesichts der oft unübersichtlichen terminologischen Debatten in der Übersetzungstheorie der Versuch von J. Albrecht, die Begriffe »**Äquivalenz**« und »**Adäquatheit**« in ihrem Verhältnis zueinander zu definieren (vgl. *Albrecht 1998, S. 263ff.). »Äquivalenz« ist für Albrecht »Gleichwertigkeit« der Funktionen von Original und Übersetzung. Die pragmatische Kategorie »Adäquatheit« bezeichnet wiederum das Verhältnis zwischen den sprachlichen Ausdrucksmitteln und den Funktionen des Textes. Im Unterschied zu den Vertretern der Skopostheorie möchte Albrecht Adäquatheit an der Funktion des Ausgangstextes, nicht an gelingender Kommunikation als Übersetzungszweck messen. Das Bemühen um Adäquatheit steuert dann beim Übersetzer die Rangordnung der möglichst äquivalent zu erhaltenen Charakteristika des Originals. Während der vieldiskutierte Äquivalenzbegriff häufig als »Wirkungsgleichheit« verstanden wird, bildet hier der Ausgangstext den Maßstab, an dem sich jede übersetzerische Entscheidung messen lassen muß.

Dort, wo das Verhältnis zwischen Original und Übersetzung mit dem Instrumentarium der **Rezeptionsästhetik** beschrieben wird, herrscht Einigkeit darüber, daß Übersetzungen geschichtlich nur den Horizont möglicher Bedeutungen des Originals entfalten und daher nur zeitlich, nicht aber hermeneutisch als eine lineare Abfolge einander ergänzender Deutungen des Originals begriffen werden dürfen. Gegen die Vorstellung, Übersetzungsgeschichte sei eine fortschreitende Entfaltung des Sinnpotentials der Werke, wendet sich die literaturwissenschaftliche Übersetzungstheorie mit einem grundsätzlichen hermeneutischen Einwand: Die Übersetzungsgeschichte der Werke zeigt, daß zwischen dem Originaltext und seinen übersetzenden Rezeptionen ein Wechselverhältnis besteht. Das Original gewinnt durch seine Übersetzungen immer neue Konturen, umgekehrt aber müssen sich diese immer wieder an einem neuen Verständnis des Originals bewähren. Beide unterliegen der geschichtlich sich wandelnden Deutung des Überlieferten – das erklärt, warum die ›Übersetzbarkeit‹ von Texten eine veränderliche Größe ist, warum also Übersetzungen wie Interpretationen von literarischen Texten sowohl veralten als auch später wieder aktuell werden können.

Der hermeneutische Weg

Die Komplexität des Übersetzungsproblems spiegelt sich besonders eindrucksvoll in dem großen Entwurf von G. Steiner (1994). Steiner weigert sich ausdrücklich, das Übersetzen einer systematischen Beschreibung und Erklärung zu unterwerfen.Der Grund dafür liegt in der subjektiven Natur der Sprache, die sie resistent macht gegen alle theoretischen Abstraktionen. Entsprechendes gilt für die Theorie der Übersetzung: »Womit wir es zu tun haben, ist keine exakte Wissenschaft, sondern eine *exakte Kunst*« (*Steiner 1994, S. 310). Dessenungeachtet formuliert Steiner ein **vierphasiges Modell des Übersetzungsprozesses**, in dem der Übersetzer einen Ausgleich im hermeneutischen Prozeß zwischen Original und Übersetzung herstellen muß. Dieses Modell habe jedoch »keinen theoretischen Anspruch«. Denn »Übersetzungstheorien« kann es, so Steiner, nicht geben: »Was wir in den Händen halten [...] sind reflektierte Beschreibungen von Verfahrensweisen, bestenfalls Erfahrungsberichte, heuristische oder exemplarische Aufzeichnungen über ›work in progress‹« (S. Xf.). Dennoch bieten die vier Phasen (vgl. S. 311-346), nämlich

1. das Vertrauen in die Sinnhaftigkeit des Textes,
2. das Eindringen in den fremden Sinn und die andere Sprache,
3. die Eingemeindung in die eigene Sprache und Kultur,
4. die Phase der Restitution des Ausgangstextes,

also die Wiederherstellung einer neuen Parität, sowohl dem Übersetzer
wie der Theorie wichtige Anregungen.

Das Modell vermeidet es, das Dilemma zwischen der Nähe zum
Original und der interpretierenden Freiheit des Übersetzers einseitig
auf den Ausgangs- oder Zieltext zu fixieren. Statt am Produkt ist es am
Übersetzungsprozeß orientiert und erlaubt daher, die einzelnen Stufen
als Strukturmomente sowohl des gesamten hermeneutischen Weges
als auch des übersetzten Resultats zu begreifen. Gemessen am eigentlichen Ziel der Übersetzung, »einer Adäquatheit im denkbar strengsten
Sinne« (ebd. S. 281), sind für Steiner praktisch alle Übersetzungen
mißlungen. Neben dieser streng unmetaphorischen Fassung des Übersetzungsbegriffs, in der das Übersetzen am Maßstab einer **perfekten
Restitution des Sinns** gemessen wird, kennt er aber auch noch eine
metaphorische Version. Diese erweiterte Definition des Übersetzens
als Verstehen – »ein hermeneutisch orientiertes Arbeitsmodell für *jeden*
Austausch von Bedeutung« (ebd. S. 290) – erlaubt Steiner, den ganzen
kulturellen Prozeß als ein Überlieferungsgeschehen durch übersetzende Transformation der unterschiedlichsten künstlerischen Phänomene
zu begreifen.

Übersetzung und Intertextualität

In eine ähnliche Richtung entwickelt sich der Übersetzungsbegriff
in der jüngeren Übersetzungstheorie. Die Wechselbeziehung zwischen Original und Übersetzung soll, so fordern mittlerweile viele
Theoretiker, in ihrem gesamten Bedingungsrahmen zwischen zwei
Sprachen, Nationalliteraturen und Kulturen untersucht werden. Eng
verbunden mit dieser Ausweitung der Übersetzungsbeziehung zur interkulturellen Kommunikation ist die Kategorie der Intertextualität,
die den Text- und Übersetzungsbegriff entsprechend dynamisiert.
Wenn ›Intertextualität‹ die Beziehung zwischen Texten kennzeich-
net, scheint sie generell auf die Beziehung zwischen einem Original
und seinen Übersetzungen zuzutreffen. Daher haben sich auch jene
philologischen Positionen, die das literarische Übersetzen als poetisch-
literarische Hermeneutik des Originals bestimmen, mit dieser Kategorie anfreunden können. W.v. Koppenfels schlägt vor, »Übertragung
als intertextuellen Prozeß [...] als Rezeptionsform von Literatur, als
poetische Hermeneutik zu betrachten« (Koppenfels 1985, S. 139).
Im Göttinger Sonderforschungsbereich spielte das »Konzept der Intertextualität« die Rolle »eines heuristischen Instruments [...] zur Be-
nennung eines Grenzbereichs zwischen Übersetzung und Poetologie«
(A.P. Frank 1987, S. 190).

Mit dem Begriff ›Intertextualität‹ ist in einer weiteren Fassung jedoch auch die **Ausweitung des Textbegriffs** auf seinen historisch-gesellschaftlichen und wirkungsgeschichtlichen Kontext gemeint, welcher damit zu einem Teil des Textes gemacht wird. Im diesem Sinne eines »unendlichen Textes« dynamisiert der Komparatist H.-J. Frey (1990) das Verhältnis zwischen Original und Übersetzung besonders nachdrücklich. Beide sind Teile eines übergeordneten Textes, der als ihre wechselseitige Beziehung begriffen wird (Frey 1990, S. 39f.).

An der umstandslosen Gleichsetzung von Übersetzung und Intertextualität im Rahmen eines stark entgrenzten Textbegriffs haben einige Übersetzungstheoretiker Kritik geübt. J. Albrecht betrachtet Übersetzung nicht schlechthin als einen Fall von Intertextualität. In einer Übersetzung liegt Intertextualität nur dann vor, wenn der Übersetzer auf erkennbare, im Text nachweisbare Bezüge des Originals zu anderen Texten reagieren muß (vgl. *Albrecht 1998, S. 197f.). Für H. Turk gilt Intertextualität als ein Grenzfall der Übersetzung. Diese »nach allen Seiten hin offene [...] Pluralität von Texten und Beziehungen« sei eine Qualität bestimmter, »postmoderner« Originale, die daher ein entsprechendes Übersetzungsverfahren verlangen (Turk 1987, S. 266). Für den traditionellen, philologisch-historischen Ansatz spreche, daß Übersetzung klare Kriterien zur Identifikation der Bezugstexte erfordere, und ein Subjekt, das sich, um diese zu identifizieren, von der »unendlichen Produktivität der Texte« unterscheiden muß.

Wer »Übersetzung« als ein komplexes Geflecht intertextueller und interkultureller Beziehungen beschreibt, muß dennoch weiterhin nach Antworten auf die Frage suchen, wie ein Text, ob man ihn nun im Rahmen des traditionellen philologischen Paradigmas als geschlossenes Textkorpus oder als prinzipiell unabgeschlossenen, beweglichen »Intertext« versteht, übersetzt werden sollte und nach welchen Kriterien er beurteilt werden kann. In dieser Hinsicht haben die inzwischen so weit ausgreifenden Bemühungen der Übersetzungstheorie um eine literaturwissenschaftliche Grundlegung zu selten Kontakt zu den zahlreichen Fallanalysen gesucht, mit denen Übersetzer, Übersetzungskritiker oder Komparatisten am empirischen Material Kriterien für die Übersetzungsanalyse und -kritik suchen. In den letzten beiden Jahrzehnten hat vor allem jene Richtung der Übersetzungsforschung, die sich ausdrücklich auf **deskriptiv-historische Verfahren** beschränkt, eine Fülle von Untersuchungen der Rolle von Übersetzungen in der Literaturgeschichte und vergleichende Übersetzungsanalysen vorgelegt. Aus beiden sind wichtige Anregungen für die Theorie zu gewinnen.

Zuletzt sei noch erwähnt, daß die Beschäftigung mit Übersetzungen umgekehrt auch auf die Literaturwissenschaft belebend wirken kann, und zwar vor allem im Bereich der akademischen Lehre. Wer einen Text übersetzen will, muß zuvor jeden einzelnen seiner Bestandteile sehr genau verstehen und interpretieren, um diese Bedeutungen dann mit den fremdsprachlichen Mitteln auszudrücken. Es läßt sich kaum eine gründlichere Textanalyse denken, daher bietet sie den Studierenden der Literaturwissenschaft reiches Anschauungsmaterial für literaturtheoretische Fragen und macht sie aufmerksam auf die Funktion der Sprache bei der Wahrnehmung anderer Kulturen. Diese Anregung haben literaturwissenschaftliche Studiengänge an deutschen und ausländischen Universitäten bereits aufgenommen.

Literatur:

Albrecht, J.: Invarianz, Äquivalenz, Adäquatheit. In: *Arntz/Thome 1990, S. 71-81.

Bodenheimer, Alfred: *Poetik der Transformation: Paul Celan – Übersetzer und übersetzt*, Tübingen 1999.

Broch, Hermann: Einige Bemerkungen zur Philosophie und Technik des Übersetzens. In: ders.: *Dichten und Erkennen*, Zürich 1955.

Frank, Armin P.: Literarische Übersetzung und Intertextualität. In: Poetica 19 (1987), S. 190-194.

Frey, Hans-Jost: *Der unendliche Text*, Frankfurt a.M. 1990.

Koppenfels, Werner von: Intertextualität und Sprachwechsel: Die literarische Übersetzung. In: Broich/Pfister: *Intertextualität. Formen, Funktionen, anglistische Fallstudien*, Tübingen 1985, S. 137-158.

Krolow, Karl: Der Lyriker als Übersetzer zeitgenössischer Dichter. In: ders.: *Schattengefecht*, Frankfurt a.M. 1964.

Lamping, Dieter: Ist die literarische Übersetzung eine Gattung? In: *arcadia* 23 (1988) S. 225-230.

Nickau, Klaus: Die Frage nach dem Original. In: *Hölderlin-Jahrbuch* 26 (1988-89), S. 269-286.

Schreiber, Michael: *Übersetzung und Bearbeitung. Zur Differenzierung und Abgrenzung des Übersetzungsbegriffs*, Tübingen 1993.

Stierle, Karlheinz: Das Gedicht und sein Schatten. Übersetzungstheoretische Überlegungen im Blick auf Petrarca. In: *Poetica. Zeitschrift für Sprach- und Literaturwissenschaft* 22 (1990) S. 160-174.

Szondi, Peter: *Celan-Studien*, Frankfurt a.M. 1972.

Turk, Horst: Übersetzung für Kenner. In: *Hölderlin-Jahrbuch* 26 (1988-89), S. 248-268.

ders.: Intertextualität als Fall der Übersetzung. In: *Poetica* 19 (1987), S. 261-277.

4. Übersetzungs- und Literaturgeschichte, historisch-vergleichende Verfahren

Zwischen der Geschichte der Übersetzung, der Literatur- und Sprachgeschichte besteht eine produktive Wechselwirkung. Keine Übersetzung, die je zu einer Zeit Bedeutung erlangt hat, war einfache Nachbildung des Originals, sondern hat immer und mit Notwendigkeit
auch etwas Neues in die Geschichte der Literatur und Sprache herein-
gebracht. Insbesondere die Geschichte der neuhochdeutschen Sprache
und seit dem 18. Jahrhundert auch die Literaturgeschichte ist ohne die
Berücksichtigung des Einflusses wegweisender Übersetzungen nicht zu
schreiben. Seit Luthers Bibelübersetzung haben Übersetzungen immer
wieder die Probe auf den jeweiligen Stand der Sprache und Literatur gemacht, darüber hinaus aber gibt es dramatische Wendepunkte
gerade in der deutschen Literaturgeschichte, wo Übersetzungen und
andere Formen der Rezeption fremdsprachiger Literatur selbst die
Ablösung abgestorbener Traditionen und die Herausbildung neuer
Ausdrucksformen darstellten.

Übersetzung in der Komparatistik

In den letzten beiden Jahrzehnten haben die Forschungen zur Geschichte der Übersetzungen im Zusammenhang von Literatur- und
Sprachgeschichte Fortschritte gemacht, weil nicht nur die Literaturwissenschaft begann, sich in eigens gegründeten Forschungsbereichen
systematisch mit der Übersetzungsgeschichte zu beschäftigen, sondern
auch Disziplinen wie die Komparatistik und neu entstandene For-
schungsrichtungen wie die interkulturelle Germanistik erkannten,
daß dem Übersetzungsproblem auf ihrem Arbeitsgebiet ein zentraler
Stellenwert zukommt.

Als eigenes Arbeitsgebiet der Komparatistik wird die Übersetzungsforschung in P. Zimas Einführung in das Fach gewürdigt. Übersetzte
Texte sind bei Zima Manifestationen einer »inneren und äußeren
Intertextualität«, durch die sie der Ausgangs- und der Zielliteratur
zugleich angehören (vgl. Zima 1992, S. 199ff.). Es hat freilich lange
gedauert, bis die Vergleichende Literaturwissenschaft Probleme der
Literaturübersetzung überhaupt wahrnahm. Der Übersetzungstheoretiker A. Lefevere macht ihre Beschränkung auf die Literaturen West-
europas dafür verantwortlich. Übersetzung werde als eine potentielle
Bedrohung für das nationale Literatursystem und den weltliterarischen
Kanon angesehen, nicht als eine Bereicherung dieses Kanons oder gar
als seine Herausforderung (vgl. Lefevere 1995, S. 2).

Doch selbst heute, in einer Epoche umfassender Globalisierungs-
prozesse, in der von den Nationalphilologien gefordert wird, über
Sprach- und Kulturgrenzen hinauszugehen und einen »postkolonialen
Diskurs« zu beginnen, scheint es immer noch möglich, davon abzu-
sehen, daß es sich bei den Texten des komparatistischen Kanons um
Übersetzungen handelt. J. Riesz z.b. entwickelte zwar ein anregendes
Programm künftiger komparatistischer Kanonbildung »als Teil des
heutigen weltliterarischen Prozesses« (Riesz 1991, GB 4, S. 204), das
Texte eines engagierten Antikolonialismus besonders berücksichtigt
und Autoren aus der Dritten Welt einbezieht, die sich den klassischen
europäischen Kanon in Neuübersetzungen kritisch aneignet haben.
Doch von Übersetzungen ist hier an keiner Stelle die Rede.

Auch die historische **Untersuchung literarischer Kanonbildung**
ist ein Arbeitsgebiet komparatistischer Forschung, bei dem die Rolle
der Übersetzung eigens berücksichtigt werden muß. Der Beitrag von
Übersetzungen zur Entstehung eines weltliterarischen Kanons, ihre
Rolle in Schulanthologien und Leselisten klassischer Werke – denjenigen Werken also, die als verbindliche »kulturelle Texte« die Identität
einer bestimmten Kultur sichern (vgl. Assmann 1995) – ist jedoch bis
heute noch nicht systematisch untersucht worden. Wie aufschlußreich
eine solche Forschungsarbeit im Hinblick auf die Rolle nationaler Klischees und Vorurteile wäre, zeigt J. Albrecht, der historische Kanones,
Literaturlexika und Literaturgeschichten, Klassikeranthologien und
Leselisten in Frankreich, England, Deutschland und Italien untersucht
hat (vgl. *Albrecht 1998, S. 161ff., 202ff.).

Übersetzung in der interkulturellen Germanistik

»Wie deutsch ist die deutsche Literatur?« fragte Andreas Kelletat in
seiner Antrittsvorlesung für den Lehrstuhl für interkulturelle Germanistik an der Universität Mainz. Ein »interkultureller Blick« auf die
Entwicklung der deutschen Literatur zeige, »daß der Import (konkret:
das Übersetzen, Nachdichten und Nachahmen) an den entscheidenden Wendepunkten der Entwicklung der deutschen Literatur eine
bisher weit unterschätze Rolle spielt«. Weil die deutsche Literatur »in
hohen Graden ein interkulturelles Mischprodukt« sei, fordert Kelletat
»**Translationshistoriographie** [...] als Provokation, als Korrektiv nationaler Literaturgeschichtsschreibung« (Kelletat 1995, S. 46ff.).

Kelletat entwirft Aufgabenbereiche der interkulturellen Germanistik, die sich mit denen der historischen Übersetzungsforschung
einerseits und der Komparatistik andererseits berühren. In seinem
Verständnis unterscheidet sich die interkulturelle Germanistik von

der sogenannten »Muttersprachengermanistik« darin, daß sie fremd-
sprachliche Literatur in ihrem Verhältnis zur deutschen und das
Fremde in der deutschen Literatur zu ihrem Thema macht. Zu ihren
Arbeitsgebieten zählt er:

»1. Kulturgeschichte des Übersetzens in Deutschland, sein Einfluß auf
die Ausprägung der sogenannten Nationalliteratur,
2. Migrantenliteratur und 3. Imagologische Studien zur Darstellung
der Fremde in der deutschen Literatur« (ebd., S. 54).

Unmißverständlich wird in diesem Forschungsprogramm für die
noch junge Disziplin der interkulturellen Germanistik der Akzent auf
die Übersetzung und ihre große Bedeutung für die interkulturellen
Verflechtungen der deutschen Literatur gelegt. Durch diese Betonung
des Übersetzungsphänomens unterscheidet es sich von der Mehrheit
aller bisherigen Beiträge zur interkulturellen Germanistik. In den drei
bis heute erschienenen Sammelbänden, die die Kongresse der 1984
gegründeten »Gesellschaft für Interkulturelle Germanistik« dokumentieren, werden Übersetzungen und Übersetzungsforschung zwar
jeweils in einer eigenen Sektion als »Komponenten interkultureller
Germanistik« diskutiert, doch statt ihren Stellenwert systematisch zu
diskutieren, ähneln die meisten Beiträge eher den Einzelanalysen in
komparatistischen Fachzeitschriften.

Mit den hermeneutischen, kultur- und literaturtheoretischen
Grundproblemen des Konzepts der Interkulturalität beschäftigen sich
einige besonders interessante Arbeiten. Norbert Mecklenburg betont
die besondere Vermittlungsleistung der fiktionalen Literatur für die
interkulturelle Kommunikation. Mit ihrer zweifachen ›Alterität‹,
nämlich der fremdkulturellen und der ästhetischen Andersheit literarischer Texte, kann Literatur kulturelle Fremdheit einerseits abbauen,
andererseits aber Sensibilität für die Wahrnehmung von Differenz
ausbilden. Denn die ästhetische ›Alterität‹, mit der jeder literarische
Text seinen eigenen kulturellen Kontext überschreitet, ist eine **kulturenübergreifende Qualität literarischer Texte**, die den Zugang zu
fremden Literaturen allererst ermöglicht (vgl. Mecklenburg 1987,
S. 578). Erstaunlicherweise findet auch in diesen Beiträgen, die die
Möglichkeiten und Grenzen interkulturellen Verstehens erörtern, das
Phänomen der Übersetzung kaum Erwähnung. Ob kulturelle und
ästhetische »Alterität« in fremdsprachlichen Texten abgebaut oder
erhalten wird, ist aber ganz entscheidend der Strategie, den Methoden und sprachlichen Mitteln ihrer Übersetzung überlassen. Daher
könnte die »interkulturelle Hermeneutik der Literatur« (vgl. Brenner
1989, S. 52) aufschlußreiches empirisches Belegmaterial an den breit

angelegten Untersuchungen der historisch-deskriptiven Übersetzungsforschung gewinnen.

Historisch-deskriptive Übersetzungsforschung

»*Was* wurde *wann, warum, wie* und *warum* wurde es *so* übersetzt?«
(Kittel 1988, GB 2, S. 160) ist die Leitfrage dieser Forschungsrichtung. Die großen Übersetzungsströme zwischen den Nationalliteraturen haben die Geschichte dieser Literaturen wesentlich geprägt und
sind doch bis heute nur ungenügend in Literaturgeschichten dokumentiert. Waren solche Dokumentationen oder Übersetzungsanalysen früher auf einzelne Fallstudien bestimmter Werke und Autoren
beschränkt, wird historisch-vergleichende Übersetzungsforschung in
Deutschland nun seit etwa zwanzig Jahren systematisch betrieben. Sie
ging aus der Vergleichenden Literaturwissenschaft hervor, ihre Zentren
in Deutschland sind der **Göttinger Sonderforschungsbereich** »Die literarische Übersetzung« sowie der Studiengang »Literaturübersetzen«
an der Düsseldorfer Universität.

Den »Göttinger Ansatz« beschreibt der Koordinator des For-
schungsbereiches H. Kittel als »historisch, deskriptiv und prozeßori-
entiert« (Kittel 1998, GB 17, S. 7). Die Geschichte der literarischen
Übersetzung ins Deutsche, die ein umfangreiches, doch bisher kaum
untersuchtes Korpus deutschsprachiger Literatur geschaffen hat, soll
vom Beginn des 18. Jahrhunderts an in ihren verschiedenen Kon-
texten so umfassend wie möglich systematisch erforscht werden. In
sogenannten »Kometenschweifstudien« untersuchen die Göttinger z.B.
die Gesamtheit der in einer Sprache vorliegenden Übersetzungen eines
Werkes. Außerdem versuchen sie, sprachliche und kulturelle Differenzen zwischen Ausgangs- und Zieltext zu kategorisieren und möglichst
zu erklären, sie untersuchen den Wandel von Übersetzungsnormen
und die Einflüsse des Literaturbetriebs auf die Auswahl übersetzter
Werke und die Übersetzungspraxis.

Einen guten Eindruck von der Bandbreite und der Entwicklung
der Arbeiten vermitteln die 17 Bände der »Göttinger Beiträge zur
internationalen Übersetzungsforschung«. Diese Sammelbände, die
den Forschungsstand dokumentieren, waren zunächst Fallstudien
gewidmet oder beschäftigten sich mit der Stellung des Übersetzers
im Spannungsfeld verschiedener Sprachen und Literaturen, mit
der Rolle übersetzter Literatur in Anthologien und den besonderen
Problemen der Dramenübersetzung. Im Laufe der Zeit mehrten sich
dann programmatische Beiträge zur Übersetzungstheorie, z.B. zu den
Kategorien der Geschichte und des Systems, zu Fragen des Literatur-

kanons und zur Funktion von Übersetzungen im Kulturaustausch, zur Übersetzung als interkultureller Kommunikation, als Medium von Fremderfahrung und Repräsentation fremder Kulturen. So zeigt sich bereits an den Definitionen, die ›Übersetzung‹ in den Göttinger Arbeiten erhielt, jener *cultural turn*, unter deren Vorzeichen die deutschsprachige historisch-deskriptive Forschung einerseits Anschluß an die internationale Forschungsrichtung der *Translation Studies* gewann und sich andererseits der interkulturellen Germanistik annäherte.

Literarische Übersetzungen werden dabei auf der Basis systemtheoretischer und semiotischer Ansätze als Teile eines »Sozialsystem der literarischen Kommunikation« betrachtet. Zu »Schlüsselbegriffen der Übersetzungsforschung« erklärte ein Göttinger Symposium 1992 die Begriffe »**Geschichte und System**«. Wer die übersetzende Interaktion zwischen den Literaturen beschreiben wolle, müsse die Nationalliteraturen als ausdifferenzierte soziale Teilsysteme der Gesellschaft auffassen. So ließe sich z.B. nach den Gründen für die Kommunikation zwischen bestimmten Nationalliteraturen durch Übersetzungen forschen. Auf theoretische Bemühungen der *Translation Studies* bezieht sich A. Poltermann (1992) mit seinem Forschungsprogramm, das im Anschluß an bereits erprobte systemorientierte Ansätze der historisch-deskriptiven Übersetzungsforschung nach den »zielliterarischen Voraussetzungen übersetzerischer Beziehungen zu anderen Literaturen und Kulturen sowie nach der Funktion der Übersetzung in der Zielliteratur« fragt (Poltermann 1992, GB 5, S. 6). Der Systembegriff erlaubt, zwischen Nationalliteratur und Literatursystem, sowie dem Konzept der ›Weltliteratur‹ zu unterscheiden, um auf dieser Grundlage bestimmte Typen übersetzerischen Handelns zu klassifizieren.

Kulturwissenschaftlicher Kontext

Der jüngeren literaturwissenschaftlichen Übersetzungsforschung gilt das **Übersetzen als »interkulturelle Kommunikation«**. Die Übersetzungsbeziehung zwischen Texten wird in ihren Untersuchungen auf die Beziehung zwischen den beteiligten Literaturen und Kulturen ausgeweitet. Übersetzungstheoretiker verfaßten Beiträge zur Kultursemiotik, die sich mit der Dialektik der Selbst- und Fremderfahrung und der Rolle von Übersetzungen im interkulturellen Austausch beschäftigen (vgl. GB 5, 6, 7, 12). Auch auf die fortschreitende Internationalisierung der Kommunikation und die Entwicklung einer globalen Medienkultur reagiert die Übersetzungstheorie, indem sie sich Themen wie kultureller Kanonisierung, kultureller Identität und Multikulturalität widmet (vgl. GB 10).

Die Bedeutung und Funktion der Übersetzung scheint sich angesichts dieser Entwicklungen radikal zu wandeln: In einer Zeit umfassender Differenzierungsprozesse verlieren die Kulturen ihre individuelle Physiognomie und vermischen sich in einem Ausmaß, das es schwer macht, zwischen der Ausgangs- und der Zielkultur eines literarischen Transfers zu unterscheiden. Die elektronischen Medien lösen mit Raum und Zeit auch die Vorstellung kultureller Identität auf, das global integrierte Individuum ist »nicht mehr an den geographisch-gesellschaftlichen Raum einer identifizierbaren, besonderen Kultur gebunden« (Poltermann 1995, GB 10, S. 34). Übersetzung dient damit nicht mehr der Bewahrung eines weltliterarischen Kanons oder der Repräsentation einer anderen Kultur und Literatur im eigenen Literatursystem, sondern scheint im interkulturellen Austausch »post-nationaler kultureller Identitäten« (Poltermann, ebd.) allenfalls noch an der Stabilisierung der Differenzen zwischen Gruppen, Milieus und Szenen beteiligt. Diese Entwicklung ist in einer multikulturellen Gesellschaft wie den USA bereits besonders deutlich, wo zunehmend Texte ethnischer Minderheiten übersetzt und in die Curricula von Schulen oder Literaturanthologien Eingang gefunden haben. Übersetzungstheoretisch schlagen sich diese Tendenzen in der zentralen Stellung des Begriffs der »Differenz« nieder.

Die »**kulturwissenschaftliche Wende** in der Übersetzungsforschung« (vgl. Bachmann-Medick 1997, GB 12, S. 1) ist im Zusammenhang eines allgemeinen Bestrebens der nationalen Philologien und Literaturwissenschaften zu sehen, sich in den größeren Kontext eines kulturwissenschaftlichen Zugriffs einzubetten. Auf eine parallele Tendenz zur Ausweitung des Text-, des Übersetzungs- und des Kulturbegriffs weisen nahezu identische Formulierungen in Veröffentlichungen der Literaturwissenschaft, der interkulturellen Germanistik und der Übersetzungsforschung hin. Von der »Übersetzung als Kulturgeschichte«, der »Übersetzung von Kulturen als Texte« (vgl. Stötzel/Wierlacher 1996, S. 999) und der »Kultur als Übersetzung« (vgl. GB 10, S. 16) sind es nur kleine Schritte bis zur »Germanistik als angewandter Kulturwissenschaft« (vgl. Thum 1988).

So forderte die in Göttingen arbeitende Übersetzungswissenschaftlerin Doris Bachmann-Medick angesichts umfassender Globalisierungsprozesse und einer zunehmenden Binnendifferenzierung der Kulturen »kulturwissenschaftlich erweiterte Übersetzungskonzepte«. Die Übersetzungsforschung muß adäquat auf literarische Texte reagieren, die nicht mehr in einem fest umrissenen Kulturraum beheimatet sind, sondern synkretistisch, z.B. durch Mehrsprachigkeit oder in den beschriebenen Erfahrungen von einer Vermischung der Kulturen zeugen. Für die Frage der Übersetzbarkeit von Sprachen und Kulturen bedeute dies, so Bachmann-Medick, Abschied zu nehmen von der klaren Unterscheidung zwischen Ausgangs- und Zielkultur, bzw. Ausgangs- und Zieltext (vgl. Bachmann-Medick 1996, S. 896ff.).

Diese jüngsten übersetzungstheoretischen Beiträge aus dem deutschsprachigen Raum bewegen sich indes auf der Ebene von programmatischen Erklärungen. Entsprechende empirische Forschungen, wie sie dagegen die angelsächsischen *Translation Studies* betreiben, liegen noch nicht vor.

Literatur:

Aleida Assmann: Was sind kulturelle Texte? In: GB 10, 1995, S. 232-244.

Benthien C./Velten H. R.(Hg.): *Germanistik als Kulturwissenschaft*, Reinbek bei Hamburg 2002.

Fuchs, Martin: Übersetzen und Übersetzt-Werden: Plädoyer für eine interaktionsanalytische Reflexion. In: GB 12, 1997, S. 308-328.

Kelletat, Andreas F.: Wie deutsch ist die deutsche Literatur? Anmerkungen zur Interkulturellen Germanistik in Germersheim. In: *Jahrbuch Deutsch als Fremdsprache* 21 (1995) S. 37-60.

Kittel, Harald: Inclusions and Exclusions: The »Göttingen Approach« to Translation Studies and Inter-Literary History. In: GB 17, 1998, S. 3-14.

Lefevere, André: *Comparative Literature*, University of Oregon, Eugene 1995.

Poltermann, Andreas: Literaturkanon – Medienereignis – Kultureller Text. Formen interkultureller Kommunikation und Übersetzung. In: GB 10, 1995, S. 1-56.

Riesz, János: Komparatistische Kanonbildung. Möglichkeiten der Konstitution eines Weltliteratur-Kanons aus heutiger Sicht. In: GB 4, 1991, S. 200-213.

Stötzel G./Wierlacher A. (Hg.): *Blickwinkel: Kulturelle Optik und interkulturelle Gegenstandskonstitution, Akten des III. Internationalen Kongresses der Gesellschaft für Interkulturelle Germanistik*, München 1996.

Thome, Gisela (Hg.): *Kultur und Übersetzung: methodologische Probleme des Kulturtransfers*, Tübingen 2002.

Thum, Bernd: Germanistik als angewandte Kulturwissenschaft. In: Oellers N. (Hg.): *Germanistik und Deutschunterricht im Zeitalter der Technologie. Selbstbestimmung und Anpassung. Vorträge des Germanistentages Berlin 1987*, Tübingen 1988, S. 256-277.

Turk, Horst: Alienität und Alterität als Schlüsselbegriffe einer Kultursemantik. In: *Jahrbuch für internationale Germanistik* Jg. XXII, Heft 1 (1990), S. 8-31.

Zima, Peter v.: *Komparatistik. Einführung in die Vergleichende Literaturwissenschaft*, Tübingen 1992.

5. Internationale Übersetzungsforschung: Die Translation Studies

Die Ursprünge der Translation Studies liegen in den sechziger Jahren, als an einigen amerikanischen Universitäten »translations workshops« entstanden. Der Begriff der Übersetzung als manipulierende Neuformulierung des Originals wurde in großer Nähe zu den rezeptionsästhetischen Prämissen des Literary Criticism oder New Criticism formuliert:

> »Translation is, of course, a rewriting of an original text [...] Rewriting is manipulation, undertaken in the service of power, and in its positive aspect can help in the evolution of a literature and a society. Rewritings can introduce new concepts, new genres, new devices, and the history of translation is the history also of literary innovation, of the shaping power of one culture upon another« (*Gentzler 2001, Vorwort).

In dieser Definition deutet sich bereits ein Zugriff an, der über die Beschäftigung mit Texten hinausgeht, um literatur- und kulturgeschichtliche Bedingungen und Folgen des Übersetzungsprozesses mit einzubeziehen. Tatsächlich wurde dieses Einbetten der Übersetzung in eine systemtheoretische und kulturwissenschaftliche Perspektive zum entscheidenden Charakteristikum der Translation Studies. Von Anfang an jedoch verstanden sie sich als empirische Disziplin mit vorwiegend deskriptiven Methoden. Ihren Begriff prägte J. Holmes in seinem Buch *The Name and Nature of Translation Studies* (1972), um ihn bewußt für einen Zugang jenseits der Polarisierung in die literaturwissenschaftliche und die linguistische Beschäftigung mit dem Phänomen der Übersetzung zu reservieren. In dem Sammelband *The Manipulation of Literature* (1985) stellten die europäischen Vertreter der Translation Studies, Wissenschaftler aus Holland, Belgien und Israel ihr neues Paradigma vor:

»[...] a view of literature as a complex and dynamic system; a conviction that there should be a continual interplay between theoretical models and practical case studies, an approach to literary translation which is descriptive, target-orientated, functional and systemic; and an interest in the norms and constraints that govern the production and reception of translations, in the relation between translation and other types of text processing and in the place and role of translations both within a given literature and in the interaction between literatures« (*Hermanns 1985, S. 10f.).

Kennzeichnend für diesen Zugriff ist die Konzentration auf den Prozeß und das Resultat der Übersetzung. Es ist kein Zufall, daß dieser Forschungsschwerpunkt in Ländern wie Holland und Belgien entstand, die im Schnittpunkt vieler europäischer Sprach- und Kulturkreise stehen, und daher ein großes Interesse an empirischen Untersuchungen ihrer intensiven Übersetzungstätigkeit haben mußten. Die europäischen Translation Studies strebten nach Interdisziplinarität und versuchten, die Trennung zwischen literarischen und nichtliterarischen Texten zu vermeiden. Große Zurückhaltung wahrte man gegenüber theoretischen Vorannahmen, auf präskriptive, normative Definitionen des Übersetzungsprozesses wurde verzichtet. Programmatisch nennt sich die Forschungsrichtung auch *Descriptive Translation Studies*. Sie betrachtet Übersetzungen in ihren tatsächlichen Erscheinungsformen als historische und kulturelle Phänomene und versucht zu erklären, wie Übersetzungen in der Gesellschaft funktionieren. Untersucht wird, welche Texte wie, von wem und zu welchem Zweck übersetzt und wie sie rezipiert werden. Statt bestehende Literatur- und Sprachtheorien auf das Übersetzungsproblem anzuwenden, beziehen die Translation Studies jene sprachlichen und literarischen Merkmale, die sie zuvor als Spezifika eines Übersetzungstextes erarbeitet haben – wobei die Übersetzung einerseits als vom Original produziert und andererseits als selber produzierend begriffen wird – nachträglich auf die Theorien. Daraus ergibt sich eine gewisse Provokation auch für die Literaturtheorie und ihren Umgang mit dem Verhältnis zwischen der nationalen und fremdsprachigen Literaturen. Denn die Translation Studies gehen generell von einer **kulturellen Interdependenz literarischer Systeme** und von der Intertextualität aller, nicht nur übersetzter Texte aus.

Die Beziehung zwischen Original und Übersetzung

Eine der auffälligsten Neuerungen ist die veränderte Sichtweise dieser Forschungsrichtung auf ihren Gegenstand. Holms (1972) z.B. gilt die Sprache der Übersetzung als eine **Meta-Sprache**. Er bezieht sich hier auf Roland Barthes Unterscheidung zwischen literarischen und literaturkritischen Texten *über* Literatur. Mit dieser Unterscheidung wird die Übersetzungstheorie nicht mehr auf eine anzustrebende Identität zwischen Original und Übersetzung fixiert, sondern darf sich auf die vielfältigen Beziehungen zwischen beiden konzentrieren. Damit wird der zentrale Begriff der Äquivalenz, der in der traditionellen Übersetzungstheorie eine so große Rolle spielt, hinfällig. Holmes postuliert die prinzipielle Verschiedenheit von Übersetzungen und hält die Äquivalenzforderung für absurd. Ihm zufolge ist der Gegenstand der Translation Studies gerade die **Entscheidungsfreiheit** des Übersetzers angesichts unzähliger Möglichkeiten der Reproduktion eines Originals. Denn sobald der Übersetzer anfängliche, interpretierende Entscheidungen über dessen Bedeutung getroffen hat, beginnt die Übersetzung ihre eigenen Regeln zu erzeugen, die wiederum weitere Entscheidungen prägen. Dabei sind alle Entscheidungen immer Gewinn und Verlust zugleich, keine ist falsch, denn alle schaffen sie neue, alternative Beziehungen zwischen Original- und Übersetzungstext.

Holmes' Kollege van den Broeck dagegen hat den Begriff der Äquivalenz neu definiert. Zwei formal verschiedene, dem Sinn nach aber vergleichbare Übersetzungen repräsentieren denselben »megatype«. Zwischen Original und Übersetzung entsteht eine Korrespondenz vom Typ »one-to-many«. Bedeutung ist für Broeck eine intrinsische Qualität der Sprache und ihr nicht äußerlich: »Translation equivalence occurs when an SL (source language) and a TL (target language) text or item are relatable to (at least some of) the same relevant features or situation substance« (van den Broeck. In: Holmes et al. 1978, S. 38). Diese »relevant features« beziehen sich auf die sprachliche und pragmatische Beziehungen zwischen den beiden Texten. Im Gegensatz zu Holmes, der durch seine starke Orientierung am Übersetzungsprozeß Gefahr läuft, die Bedeutung des Originals in prinzipiell gleichwertige Interpretations- und Reproduktionsverfahren aufzulösen, hält Broeck an der maßgeblichen Autorität des Originaltextes fest.

Die *Polysystem-Theorie*

Seit den siebziger Jahren entwickelt die strukturalistisch ausgerichtete israelische Schule der Translation Studies die von Holmes, Lefevere und Broeck entdeckten Parameter in Richtung auf eine **systemtheoretische Perspektive** weiter. Ihre wichtigsten Vertreter G. Toury und I. Even-Zohar forderten dazu auf, übersetzte Literatur synchron wie diachron innerhalb des nationalen Literatursystems und seiner Beziehungen zu anderen gesellschaftlichen Subsystemen zu betrachten. Mit einer »Polysystem Theory« versuchen sie, das Netz der Beziehungen zwischen den literarischen und außerliterarischen Systemen der Gesellschaft zu erfassen. Übersetzung wird nun nicht mehr als ein Prozeß zwischen Einzeltexten gesehen, sondern Übersetzungsprozeduren gelten als Teil des gesamten literarischen Systems und werden in einem **kulturtheoretischen Rahmen** untersucht. Even-Zohar interessierte besonders, wie eine Kultur die zu übersetzenden Texte auswählt, welche ästhetischen Normen, Genre, Stilmittel und literarischen Techniken mit der Übersetzung neu eingeführt werden. Die Übersetzung wirkt dabei oft innovativ und bereichernd, die Zielkultur will durch Übersetzungen eine komplexere, dynamischere Identität erwerben. Zohars Arbeiten betrachten die Übersetzung innerhalb des in ständiger Bewegung begriffenen, vielschichtigen, offenen Polysystems ›Kultur‹. Traditionelle Begriffe wie ›Äquivalenz‹ und ›Adäquanz‹ werden damit im Hinblick auf die jeweilige historische Situation relativiert, präskriptive Neigungen der Übersetzungstheorie werden durch diese erweiterte, synchrone und diachrone Perspektive auf den kulturellen Kontext jeder Übersetzung vermieden. Die Übersetzungstheorie versteht sich als Beitrag zur Literaturtheorie und Kulturtheorie.

Auch Toury plädiert für einen offenen, soziokulturell definierten Begriff der Übersetzung. Mit Hilfe des Wittgensteinschen Begriffs der »Familienähnlichkeiten« sieht Toury das Original als ein Ensemble von Eigenschaften, Bedeutungen und Übersetzungsmöglichkeiten. Jede Übersetzung privilegiert andere Möglichkeiten, keine ist ›richtig‹ oder ›falsch‹, jede Übersetzung ist abhängig von der Geschichte und dem semiotischen Netz der beiden Kulturen, in die sie eingebettet ist (vgl. Toury 1980, S. 18). Gleichwohl sind übersetzerische Entscheidungen nicht zufällig, sondern werden von erlernten und in einer Kultur allgemein akzeptierten Normen gesteuert. An den kulturellen Kontext stellt Toury Fragen wie: Welche Übersetzungspolitik hat die Zielkultur? Wie definiert sie Übersetzung, Bearbeitung, Nachahmung? Welche Texte werden für Übersetzungen ausgewählt, welche Genres, historischen Perioden, Schulen, welche Autoren bevorzugt? Sind Übersetzungen aus zweiter Hand möglich und welche Zwischensprachen werden benutzt? Das Konzept der übersetzerischen Normen wurde auch von deutschen Übersetzungstheoretikern aufgegriffen und weiterentwickelt (vgl. Poltermann, GB 5, 1992).

Wandel des Übersetzungsbegriffs

In den 80er Jahren entstanden in Belgien und den Niederlanden zahlreiche Fallstudien. Neue Untersuchungsschwerpunkte betrafen die Rolle der Übersetzung in der **Rezeptionshaltung der Leser.** Lefevere forderte, »historische Grammatiken« zu rekonstruieren, um die Normen, die die Aufnahme fremdkultureller Texte und ihre Übersetzungen steuern, beschreiben zu können (vgl. Lefevere 1981, S. 72). Zu diesem Zweck führte man auch Fallstudien mit Pseudo-Übersetzungen ohne Original und mit Übersetzungen aus zweiter Hand durch. Produkte eines erweiterten Übersetzungsbegriffs wie Verfilmungen, Versionen, Adaptionen literarisch bedeutender Werke für Kinder, Imitationen und Bearbeitungen wurden untersucht. Man forschte nach den Gründen für die Zunahme von nicht übersetzten

Elementen in Übersetzungen, wie Eigennamen und fremdkulturelle Kulturalia oder Realia. Auch der Übersetzungsbegriff selber wurde diskutiert: Ist die Übersetzung ein Text, ein Konzept, ein Prozeß oder ein System? Die Beziehung zwischen Original und Übersetzung wurde als Intertextualität neu definiert und damit dynamisiert. Insgesamt entstand ein immer offeneres Feld an Fragen, unter Verzicht auf apriorische Definitionen.

In den Translation Studies geht die Tendenz der 80er Jahre dahin, eine Übersetzung weniger als den konkreten Text anzusehen, als der er in der Zielkultur definiert wird, sondern den Übersetzungsprozeß als ein komplexes Ensemble von intertextuellen und interkulturellen Beziehungen innerhalb einer bestimmten historischen Situation aufzufassen. Auch in dem vielgelesenem Buch *Translation Studies: An Integrated Approach* (*Snell-Hornby 1988) ist der frühere, texttypologische Zugang fast aufgehoben, im Geflecht kultureller Prä- oder Kontexte ist die Übersetzung kaum mehr als Beziehung zwischen Texten erkennbar.

Mit dem Begriff der **Übersetzung als intertextuellem Beziehungsgeflecht** und ihrer Entfernung von einem konventionellen Textbegriff bereitet die belgisch-niederländische und die anglo-amerikanische Übersetzungstheorie den Boden für die dekonstruktivistische Beschäftigung mit dem Übersetzungsproblem. Dennoch wurde dieser Zugriff von den angelsächsischen Translation Studies kaum einbezogen. Das verwundert nicht, da die Translation Studies, deren Aufmerksamkeit auf das Produkt und den Prozeß der Übersetzung gerichtet ist, mit der konsequent umgekehrten Blickrichtung des Dekonstruktivismus wenig anfangen können. Das Interesse des Dekonstruktivismus am Übersetzen konzentriert sich nämlich auf das Original, das bereits selber als eine Übersetzung aufgefaßt wird (vgl. Kap. IV.6). Gerade aufgrund ihrer empirischen Orientierung haben die Vertreter der Translation Studies erkannt, daß der dekonstruktivistische Zugang keinen eigentlichen Beitrag zur Übersetzungstheorie leisten will, sondern das Übersetzungsproblem als Brennpunkt sprachphilosophischer Überlegungen benutzt.

Auch die neueren Entwicklungen in den Translation Studies sind von einem starken **Praxisbezug** gekennzeichnet. R. Schulte (1987) schlägt eine verstärkte Zusammenarbeit zwischen Theoretikern und Übersetzern vor, damit die Übersetzungstheorie ihre Beurteilungskriterien aus der Arbeit der Literaturübersetzer erhalten könne. D. Robinson verteidigt in seinem Buch *The Translator's Turn* (1991) den »untheoretischen« amerikanischen Literaturübersetzer und seine Verbindung von Intuition und Systematik, literarischem Gefühl und

Wissen. Seinen revolutionären neuen Zugriff faßt Robinson gleich zu Beginn folgendermaßen zusammen: »I want to displace the *entire* rhethoric and ideology of mainstrean translation theory, which [...] is medieval and ecclesiastical in origin, authoritarian in intent, and denaturing and mystificatory in effect« (Robinson 1991, S. 1). Ein ertragreiches Untersuchungsgebiet sei das dialogische Engagement des Übersetzers mit der Quellsprache und dem Original und gleichzeitig mit der Ethik der Zielsprache und der Zielgruppe. Emphatisch und polemisch betont Robinson den kreativen, subjektiven Anteil jeder Übersetzung. Linguisten, Übersetzungswissenschaftler und Sprach-philosophen hätten ihn vernachlässigt, darum sei jetzt der Übersetzer selbst an der Reihe, seinen Teil zur Übersetzungstheorie beizutragen. In eine ähnliche Richtung weisen die Arbeiten von L.Venuti (1995), der sich u.a. im Rahmen postkolonialer Übersetzungsstrategien kri-tisch mit der »Unsichtbarkeit« des Übersetzers als unausgesprochener Norm in der Übersetzungsgeschichte beschäftigt.

Cultural turn und Ideologiekritik

In den 90er Jahren zeugen Arbeiten aus Holland, Deutschland, Israel und Kanada unmißverständlich von der Tendenz, **Übersetzungen als kulturelle Phänomene** anzusehen. Bassnett/Lefevere (1990) sprechen daher vom »cultural turn«. Auch Snell-Hornby (1990) schlägt vor, die Übersetzungstheorie solle vom ›Text‹ als Einheit der Übersetzungstheorie übergehen zur ›Kultur‹. Damit weitet sich das Untersuchungsgebiet der Translation Studies stark aus. So haben z.B. Lambert/Robyns (1997) so viele grundsätzliche Fragen nach der De-finition von übersetzten Texten aufgeworfen, so viele Aspekte der am Übersetzungsprozeß beteiligten kulturellen Kontexte entdeckt, daß man hier kaum mehr von angewandter, empirischer oder deskriptiver Übersetzungstheorie sprechen kann. Sie begreifen Übersetzung nur noch als unendlichen semiotischen Prozeß der Zeicheninterpretation. Lambert und Robyns berufen sich auf Umberto Ecos Definition von Kultur – und ebenso von Übersetzung – als einer endlosen Überset-zung von Zeichen in andere Zeichen, welche dann bestimmten Regeln folgend interpretiert und in neue Kontexte versetzt werden (vgl. auch Gentzler 2001, S. 186). Zu fragen ist allerdings, ob hier eine – wenn-gleich semiotisch gewendete – Rückkehr zur alten hermeneutischen Gleichung zwischen Übersetzen und Verstehen vorliegt.

Der *cultural turn* hat die Translation Studies zunehmend ideolo-giekritischer gemacht, was zu einem gewandelten Verständnis von literarischen und kulturellen Einflußsphären führte. So analysierten

Bassnett/Lefevere (1990) auch die politischen Bedingungen des kulturellen Transfers. Übersetzerische Normen und Praktiken sind eng mit den Wertvorstellungen und ästhetischen Normen einer Gesellschaft verknüpft. Übersetzungen transportieren daher nicht nur literarische, stilistische oder Genre-Muster, sondern auch Ideologien, kulturelle Vorurteile und Klischees. Übersetzungen sind **Teil der Macht**, die eine Kultur ausübt, ihres Einflusses auf andere Kulturen. Von der Übersetzungstheorie wird gefordert, daß sie die Institutionen untersucht, die die Übersetzungspraxis beeinflussen. In dieser Sicht ist der Übersetzer vergleichbar mit dem Kritiker, Herausgeber, Literaturhistoriker – allen im Literaturbetrieb Beschäftigten, die die vorherrschenden Interpretationen des semiologischen Systems beeinflussen und verbreiten. Heute Übersetzungsforschung zu betreiben, bedeutet für S. Bassnett, sich die Prozesse bewußt zu machen, von denen eine Kultur zu einem bestimmten Zeitpunkt geformt wird. Sie begrüßt, daß die lange ignorierte ideologische Dimension unser Verständnis von Kulturgeschichte heute bereichert (vgl. Bassnett 1989). Denn die empirischen Forschungen der Translations Studies haben versteckte, ideologische Implikationen des Übersetzens aufgedeckt, wie z.B. unbewußte **kulturelle und literarische Klischees** und Interpretationsmuster, die das ›Fortleben‹ des Originals in der Zielkultur entscheidend prägen. Übersetzungsforschung wird damit Teil einer kritischen Literatur- oder Kulturgeschichte, die die Muster des Selbst- und Fremdverstehens untersucht.

Eine andere ideologiekritische Inspiration für die Translations Studies bilden die **Gender-Studies**. In historischer Perspektive untersucht feministische Übersetzungstheorie, welche Rolle Frauen als Übersetzerinnen gespielt haben und wie Werke von Schriftstellerinnen übersetzt wurden. Aus den gewonnenen Erkenntnissen leitet diese Richtung dezidierte Forderungen an die Übersetzungspraxis ab, z.B. für feministische Bibelübersetzungen. Auch im deutschsprachigen Raum gibt es inzwischen Übersetzungstheoretikerinnen, die in feministischer Perspektive auf dem Beibehalten von Differenzen in der Übersetzung bestehen. Feministische Übersetzungstheorie bewertet »Differenz« nicht mehr negativ als »Nicht-Äquivalenz«, sondern positiv als Erhalt von Individualität und weiblicher Identität (vgl. Flotow 1997).

Die jüngsten Beiträge der Translation Studies beschäftigen sich daher vor allem mit Übersetzungsprozessen, die in der traditionellen Übersetzungstheorie keinen Platz hatten, wie zum Beispiel der Rolle ethnischer und linguistischer **Minoritäten**, der Kreolisierung der Sprache, der Übersetzung von Literatur aus kleinen Ländern und Sprachen oder der Rolle der Übersetzung in oralen literarischen Traditionen. Ihr

Augenmerk gilt aber nicht nur vernachlässigten Forschungsgebieten innerhalb der Übersetzungstheorie, sie versuchen auch, der neuen Sicht auf die Übersetzung selber größere Aufmerksamkeit und Anerkennung innerhalb der etablierten Komparatistik und Literaturtheorie zu verschaffen. Denn noch sind übersetzungstheoretische Konzepte, die auf der Wahrung von kultureller und ästhetischer Differenz basieren und die Übersetzung als gleichberechtigten interkulturellen Austausch begreifen, von der Anerkennung in diesen Disziplinen weit entfernt.

Literatur:

Bassnett, Susan: Translation, Tradition, Transmission. In: dies. (Hg.): *Beyond Translation*. New Comparison 8, Heft 1-2 (1989), S. 1-2.

dies. (Hg.): *Translating Literature*, Cambridge 1997.

Bassnett S./Lefevere A. (Hg.): *Translation, History and Culture*, London 1990.

Borek, Johanna: Der Übersetzer ist weiblich und damit unsichtbar. Übersetzen als ein Herrschaftsverhältnis, unter anderem. In: *Quo vadis Romania? Zeitschrift für eine aktuelle Romanistik* 7 (1996), S. 27-33.

Broeck, Raymond van den: The Concept of Equivalence in Translation Theory: Some Critical Reflections. In: Holmes 1978.

Even-Zohar, Itamar: *Papers in Historical Poetics*, Tel Aviv 1978.

Even-Zohar I./Toury G. (Hg.): *Translation Theory and Intercultural Relations*. Sonderausgabe von: *Poetics Today* 2/4 (1981).

Flotow, Luise v.: *Translation and Gender. Translating in the ›Era of Feminism‹*, Manchester: St. Jerome 1997.

Grbic N./Wolf M.: ›Gendern Sie mir den Text bitte‹. Überlegungen zur fraueneinbindenden Sprache in der Translation. In: *TextconText* NF 1, 4 (1997), S. 247-266.

Hermans, Theo (Hg.): *The Manipulation of Literature. Studies in Literary Translation*, London 1985.

Holmes, James: *The Name and Nature of Translation Studies*, Amsterdam 1972

ders. et al. (Hg.): *Literature and Translation: New Perspectives in Literary Studies*, Leuven 1978.

Lefevere, André: Translated Literature: Towards an Integrated Theory. In: *Bulletin: Midwest MLA* (1981), S. 68-78.

Lambert J./Robyns C.: »Translation«. In: Posner 2003, S. 3594-3614.

Meurer, Siegfried (Hg.): *Die vergessenen Schwestern. Frauengerechte Sprache in der Bibelübersetzung*, Stuttgart 1993.

Poltermann, Andreas: Normen des literarischen Übersetzens im System der Kultur. In: GB 5, 1992, S. 5-31.

Robinson, Douglas: *The Translator's Turn*, Baltimore 1991.

Schulte, Rainer: Translation Theory: A Challenge for the Future. In: *Translation Review* 23 (1987), S. 1-2.

Simon, Sherry: *Gender in Translation. Cultural identity and the Politics of Transmission*, London/New York 1996.

Snell-Hornby, Mary: *Translation Studies: An Integrated Approach*, Amsterdam/Philadelphia 1988.

dies.: Linguistic Transcoding or Cultural Transfer? A Critique of Translation Theory in Germany. In: *Bassnett/Lefevere 1990.

Toury, Gideon: *In Search of a Theory of Translation*, Tel Aviv 1980.

Venuti, Lawrence: *The Translator's Invisibility: A History of Translation*, London 1995.

ders.: *The Translation Studies Reader*, London 2000.

Ausführliche Bibliographien und viele andere Hinweise zu Veröffentlichungen im Rahmen der Translation Studies: www.stjerome.co.uk

6. Übersetzungskritik und Rezeptionsprobleme

Wenn es nun im Wesen der Übersetzung liegt, daß sie einem Leser, der das Original nicht versteht, diesem das Original nicht vollständig ersetzen, sondern ihm nur eine je bestimmte Erfahrung eines Rezeptionsverhältnisses vermitteln kann, so wäre es konsequenterweise weniger die Aufgabe der Übersetzungskritik, Übersetzungen unter verschiedenen Kriterien mit gut oder schlecht zu bewerten, als vielmehr, dem Leser zu vermitteln, in welcher Form Verhältnisse von Original und Übersetzung in einer Übersetzung als Text erfahrbar werden können und welche spezifischen Rezeptionseinstellungen dem Leser mit Gründen nahegelegt werden können.

In der feuilletonistischen Übersetzungskritik läßt sich jedoch nur ein sehr langsamer Wandel von stereotypen Beurteilungen wie ›gut‹, ›schlecht‹, ›sorgfältig‹, ›liederlich‹ oder dem gern bemühten ›kongenial‹ hin zu argumentierenden Beurteilungen der besonderen Übersetzungsverfahren feststellen. Noch immer scheint ein **Qualitätskriterium der Übersetzung** ihre Unsichtbarkeit zu sein. Gegenbeispiele angemessener Übersetzungskritik stellen naturgemäß Neuübersetzungen von Klassikern dar, die öfter ausführlich diskutiert werden. Hier erfolgt meist ein Hinweis auf den historischen Wandel der Sprache, und veränderte Übersetzungstechniken, wie z.B. eine Tendenz zu größerer philologischer Genauigkeit, werden durchaus wahrgenommen (vgl. z.B. Matz 2001). Diesen literaturkritischen Beurteilungen von Übersetzungsleistungen kommt zugute, daß sie mehrere Übersetzungen vergleichen können, was hellhörig macht für interpretierende Eingriffe, für Bedeutungsvaleurs, für Sprachwandel und die Vielfalt von

Übersetzungstechniken. Eine öffentliche Debatte über verschiedene Neuübersetzungen eines Klassikers konnten zuletzt zwei neue Versionen von Melvilles *Moby Dick* auslösen.

Modelle für Übersetzungskritik

Alle vorhandenen Ansätze zu einer wissenschaftlich fundierten Übersetzungskritik fordern, daß die Übersetzungskritik von einem differenzierten Kommunikationszusammenhang ausgehen sollte, indem sie mindestens folgende Informationen bietet:

- eine Charakterisierung des Ausgangstextes im Zusammenhang der Literatur der Ausgangssprache;
- eine Charakterisierung der Übersetzung als Text im Zusammenhang der Literatur der Zielsprache;
- leserorientierte Informationen darüber, unter welcher Rezeptionseinstellung die Übersetzung als Text aufgefaßt werden sollte.

Grundlage und Verbindung dieser Information ist, daß dem Leser das Verfahren oder die **Methode des Übersetzens** möglichst deutlich gemacht wird. Gibt es programmatische Aussagen des Übersetzers, so können diese herangezogen und mit dem Text konfrontiert werden, gibt es sie nicht, so wird man die immanente Übersetzungskonzeption aus dem Vergleich von Original und Übersetzung erschließen müssen. Entsprechende Beispiele aus anderen Übersetzungen tragen zur Konturierung bei.

Die Konzeption des Übersetzers kann natürlich nicht das einzige verbindliche Kriterium für eine Beurteilung der Übersetzung sein, vielmehr wird vom Originaltext und seiner aktualisierten Bedeutsamkeit ein Feld von möglichen Übersetzungsentscheidungen abgegrenzt werden müssen, innerhalb dessen dann die vorliegenden ihren Stellenwert erhalten. K. Reiß versucht, die Übersetzungskritik auf einer Theorie des Texttypus aufzubauen. Nach diesem Ansatz sollte die Übersetzungskritik nicht von einem Entweder-Oder der Übersetzungsmethode (z.B. treu oder frei, entfremdet oder verfremdend) ausgehen, sondern die methodischen Forderungen sollten sich aus dem **Texttypus** herleiten (Reiß 1976, S. 31). Drei Haupttypen werden unterschieden:

- der inhaltsbetonte Text (Dominanz der Erkenntnisfunktion der Sprache)
- der formbetonte Text (Dominanz der expressiven Funktion)
- der appellbetonte Text (Dominanz der Appellfunktion).

Diese Unterteilung ist jedoch in verschiedener Hinsicht problematisch. So ist nicht ganz einleuchtend, warum nur diese drei Sprachfunktionen für den Texttyp entscheidend sein sollten, während andere wichtige fehlen, vor allem aber ist besonders hinsichtlich dichterischer Texte zweifelhaft, ob das, was R. Jakobson die »poetische Funktion« der Sprache nennt, mit der Dominanz des Ausdruckselements, bzw. der Formbetonung ausreichend gekennzeichnet ist. Schließlich muß grundsätzlich eingewandt werden, daß die Feststellung der Dominanz einer bestimmten Sprachfunktion in einem Text selbst schon eine Deutungsentscheidung ist, die sich historisch, gesellschaftlich und individuell verändern kann. Ob man – um nur ein berühmtes Beispiel zu nennen – Montaignes *Essais* form-, inhalts- oder appellbetont auffaßt, ist eine Frage der Rezeptionseinstellung und läßt sich in der Natur der Texte allein nicht begründen.

Daher ist die Feststellung, welchen Aspekten des Originals der Übersetzer in seiner sprachlich objektivierten Deutung den Vorzug gegeben hat, wie diese Deutung aktuell begründet werden kann und welchen möglichen Leserinteressen sie Rechnung trägt, selbst Aufgabe der Übersetzungskritik, der sie an jedem einzelnen Text von neuem nachzukommen hat. Diese Aufgabe kann ihr nicht von einem noch so differenzierten Texttypus-System abgenommen werden. Andere übersetzungskritische Modelle gehen daher von einer differenzierten Analyse derjenigen Elemente, die im Original die Identifikation des Texttyps steuern, zu einem Vergleich mit den entsprechenden Elementen im Übersetzungstext über. In einem Modell van den Broecks sind solche Elemente »phonic, lexical and syntactical components, language varieties, figures of rhetoric, narrative and poetic structures, elements of text convention (text sequences, punctuatio, italicizing, ect.), thematic elements and so on« (van den Broeck 1985, S. 58). Bei dem Vergleich zwischen Original und Übersetzung wird dann zwischen obligatorischen Veränderungen, die durch sprachliche und kulturelle Normen vorgegeben sind, und freiwilligen Veränderungen unterschieden, die auf Entscheidungen des Übersetzers zurückgehen. Vor einer abschließenden Bewertung muß der Übersetzungskritiker die Methode identifizieren, die vom Übersetzer im Hinblick auf sein Zielpublikum gewählt wurde, um die Normen des Übersetzers sodann denen der Kritik gegenüberzustellen. Dabei sollte Übersetzungskritik vor allem dem Leser behilflich sein, indem sie ihn über die den übersetzerischen Entscheidungen zugrundeliegenden Normen aufklärt.

Praktische **Hinweise für den Kritiker**, der die Tatsache der Übersetzung in den Mittelpunkt seiner Rezension stellt, hat J. Albrecht gegeben (*Albrecht 1998, S. 229). Auf einer ersten Ebene der Kritik sollte die Übersetzung an ihren eigenen Absichten gemessen und auf einer zweiten kann diese Absicht selbst kritisiert werden. Dabei lautet ein Grundsatz, der aus der Übersetzungstheorie stammt: Wenn ein Text schlecht lesbar ist, wenn man ihm unmittelbar ansieht, daß er aus einer anderen Sprache übersetzt wurde, gar, aus welcher Sprache, so sollte man daraus nicht ohne Vorbehalt auf die Unfähigkeit des Übersetzers schließen. Dahinter könnte sich eine entschiedene Absicht verbergen, der holprige Text bewußt so gestaltet worden sein. Eine Übersetzung, die den Abstand zwischen den Sprachen formulieren wollte, muß sich allerdings auch daraufhin untersuchen lassen, ob sie den Abstand des Originals zur Standardsprache genau erkannt hat. Verfremdende Übersetzungstechniken sind, so D.E. Zimmer in seinen Anweisungen an rationale Übersetzungskritik, kein Wert an sich, sondern nur gerechtfertigt, wenn auch das Original innovativ mit der Ausgangssprache umgeht. Anlaß für den häufigsten Übersetzungsfehler sei nämlich eine »Tiefenvermutung« des Übersetzers, wo im Original statt dessen ein konventioneller Ausdruck steht (Zimmer 1997, S. 332).

Argumentierende Übersetzungskritik

Von gewandelten Normen der Übersetzungskritik zeugt Zimmers Forderung, die Zielsprache dort zu bewegen, wo fremde Kulturtatsachen zugleich auch Sprachtatsachen sind. Im Gegensatz zu ihrer früheren, oft gewaltsamen Einbürgerung werden fremdkulturelle Realia heute oft gar nicht mehr übersetzt. Handelt es sich bei kulturellen Besonderheiten zugleich um sprachliche Konventionen, wie z.B. der Metaphorik von Flüchen, so sollten sie in einer sprachbewegenden Übersetzung aufscheinen. Generell ist in der feuilletonistischen Kritik übersetzter Werke eine wachsende Toleranz gegenüber kreativen Übersetzungslösungen oder der Nicht-Übersetzung bestimmter Textelemente zu beobachten. Sogar betont subjektives, assoziativ-idiosynkratisches Übersetzen wird zunehmend toleriert.

Daß nun allerdings der Übersetzungskritiker bestimmte Übersetzungskonzeptionen bevorzugen mag und mit bestimmten Vorstellungen vom Original an die Übersetzung herangeht, ist weder zu verhindern noch zu beklagen, weil eine allzu große Neutralität die **orientierende Funktion** der Übersetzungskritik einschränken würde. Es ist jedoch wünschenswert, daß der Kritiker seine Maßstäbe offenlegt. Ein Vorbild war in dieser Hinsicht der Romanist und Übersetzer Walter Widmer, der in seinem Buch *Fug und Unfug des Übersetzens* (1959) zahlreiche Beispiele schlampiger Übersetzungen von Autoren des 19.

Jahrhunderts anführt und in seinen eigenen Übersetzungskritiken immer bemüht war, das Original genau zu analysieren, um darzulegen wie dessen ideale Übersetzung aussehen müßte.

Berühmtheit haben einige **Verrisse von Übersetzungen** erlangt, deren Autoren selber Übersetzer oder sehr bekannte Literaturkritiker waren. Arno Schmidt z.B. schrieb 1957 in der *Frankfurter Allgemeinen Zeitung* ein »Todesurteil« (Widmer) für Goyerts Übersetzung des *Ulysses*. Daß Übersetzungskritik immer auch Verlagskritik heißen muß, meinte M. Reich-Ranicki anläßlich einer Kritik an der Übertragung Saul Bellows. Er forderte allerdings auch: »Wenn [...] dem Kritiker die Übersetzung mißfällt, muß er sein Urteil schon deshalb sorgfältig belegen, weil er sowohl dem Prestige als auch den geschäftlichen Interessen des Übersetzers und seines Verlages schadet« (zit. nach *Graf 1993, S. 251).

Obwohl der Übersetzungskritik in der Tagespresse kaum je genug Platz zur Verfügung steht, sollte der Kritiker seine Vorlieben einbekennen und dem Leser klar machen, daß jede Kritik einer Übersetzung unter bestimmten Interessen und Bedingungen zustandekommt. Als Korrektiv subjektiver Voreingenommenheit kann darüber hinaus das geschickt gewählte Zitat fungieren, das der Übersetzung erlaubt, für sich selbst zu sprechen. Noch aufschlußreicher – wenngleich insbesondere in der Tagespresse aus Platzgründen kaum realisierbar – wäre eine Konfrontation von verschiedenen Übersetzungen der gleichen Stelle des Originaltextes, die den Leser sinnfällig auf das Spektrum der Möglichkeiten von Übersetzungsentscheidungen hinweisen könnte.

Ein nachahmenswertes Beispiel in dieser Hinsicht sind die vergleichenden Analysen von **Übersetzungen französischer Klassiker** ins Deutsche, die J.v. Stackelberg (1978) vorgelegt hat. Hier werden jeweils verschiedene, im Buchhandel erhältliche Übersetzungen eines Originals einander kritisch gegenübergestellt. Der Übersetzungskritik voraus gehen eine Charakteristik des Originalwerks im Kontext der Entstehungszeit, rezeptionsgeschichtliche Hinweise, ein Zitat einer aussagekräftigen Stelle mit einer exemplarischen stilistischen Beschreibung, von wo aus auf die entsprechenden Stellen in den verschiedenen Übersetzungen eingegangen wird (sofern diese vorhanden sind, denn Stackelberg macht z.T. auch auf skandalöse Kürzungspraktiken aufmerksam, die meistens von den Verlagen zu verantworten sind). Überblickartige Darstellungen mit ähnlicher Konzeption wären auch für andere Nationalliteraturen zu wünschen. Zwar geht auch Stackelberg die Übersetzungen mit einem nicht näher befragten Kriterium der Stilentsprechung an, jedoch erlauben die eingestandenen leitenden Gesichtspunkte, das Angebot an Zitaten und vielfältige Hinweise dem Leser am Ende eine Orientierung, welche Übersetzung seinen

Interessen am besten entsprechen könnte, selbst da, wo er Stackelbergs Schlußfolgerungen nicht nachvollziehen kann oder will.

Daß bei solchen Entscheidungen Kompromisse gemacht werden müssen, entspricht spiegelbildlich den Kompromissen, die Übersetzer/innen im einen oder anderen Fall einzugehen gezwungen ist. So lobt z.b. Stackelberg häufig die älteren Übersetzungen, jedoch wird ein Leser, der mit der Literatursprache des frühen 19. Jahrhunderts (wo viele hervorragende Übersetzungen aus Klassikern entstanden) nicht vertraut ist, und der daher sowohl mit dem Wortbestand als auch mit der Syntax Schwierigkeiten haben wird, möglicherweise auch dann eine neuere Übersetzung vorziehen, wenn ihm die in der Kritik dargelegte Qualität der älteren Übersetzung einleuchtet. Was er dabei versäumt, sollte ihn die Übersetzungskritik immerhin wissen lassen.

Indem Übersetzungskritik solche pragmatischen Gesichtspunkte berücksichtigen muß, greift sie über die Grenzen literaturwissenschaftlicher Übersetzungsforschung hinaus. In deren Rahmen gehört primär die Erarbeitung der Rahmenbedingungen von Übersetzungskritik. Beide können zudem aus den Beiträgen der Übersetzer selber, in denen diese Rechenschaft über ihre Verfahren ablegen, wichtige Anregungen für die Theorie der Übersetzung und **Kriterien für die Kritik** gewinnen. Es ist zu begrüßen, daß solche Berichte über die übersetzerische Arbeit nicht mehr nur auf Vor- und Nachworte von übersetzten Werken beschränkt bleiben, sondern zunehmend auch in der Tagespresse auftauchen. Sie holen, wie auch jede ausführliche Übersetzungskritik, die Übersetzer aus ihrer Unsichtbarkeit und machen dem Lesepublikum die Tatsache bewußt, daß es sich um übersetzte Werke handelt – eine allzu lang vollkommen vernachlässigte Aufklärung.

Nicht zuletzt hängt auch die Professionalisierung der Übersetzer und die Qualität von Übersetzungen von der Aufmerksamkeit ab, die der Übersetzung im Literaturbetrieb zuteil wird. Professionelle Übersetzer müssen in der Lage sein, ihre Entscheidungen zu begründen und die Qualität ihrer Arbeit argumentativ nachweisen zu können. Seit einigen Jahren werden darum von Kulturstiftungen und Verlagen Seminare veranstaltet, auf denen Lektoren, Literaturkritiker und Übersetzer gemeinsam nach rationalen Kriterien der Beurteilung suchten.

Literatur:

Ammann, Margret: Anmerkungen zu einer Theorie der Übersetzungskritik und ihrer praktischen Anwendung. In: *TEXTconTEXT* 5 (1990), S. 209-250.

Braem, Helmut M.: Der Einfluß des Verlegers auf die Qualität der Übersetzung. In: *Babel* 6 (1960), S. 172.

Broeck, Raymond van den: Second Thoughts on Translation Criticism. A Model of its Analytic Function. In: *Hermans 1985, S. 54-62.

Grössel, Hanns: Übersetzungskritik – Wo und von wem? In: *Graf 1993, S. 241-255.

Kuhn, Irene: Der Übersetzer: Stiefkind der Kritik? In: Nies, Fritz (Hg.): *Literaturimport und Literaturkritik: das Beispiel Frankreich*, Tübingen 1996, S. 68-76.

Matz, Wolfgang: Marcel Proust retrouvé. Zur Frankfurter Ausgabe seiner Werke. In: *Neue Rundschau* 1 (2001), S. 141-146.

Reiß, Katharina: *Möglichkeiten und Grenzen der Übersetzungskritik*, München 1972.

dies.: *Texttyp und Übersetzungsmethode*, Hamburg/Stuttgart/Köln 1976.

dies.: Übersetzungstheorie und Praxis der Übersetzungskritik. In: Königs Frank (Hg.): *Übersetzungswissenschaft und Fremdsprachenunterricht*, München 1989.

Stackelberg, Jürgen v.: *Weltliteratur in deutscher Übersetzung. Vergleichende Analysen*, München 1978.

ders.: *Fünfzig Romanische Klassiker in deutscher Übersetzung*, Bonn 1997.

Widmer, Walter: *Fug und Unfug des Übersetzens*, Köln 1959.

Zimmer, Dieter E.: *Deutsch und anders. Die Sprache im Modernisierungsfieber*, Reinbek bei Hamburg 1997.

Zur Debatte um Melvilles *Moby Dick* vgl.: *Schreibheft* 57 (2001)

IV. Zur Geschichte des Übersetzungsproblems im deutschen Sprachraum seit Luther

Literaturwissenschaftliche Übersetzungsforschung darf sich im Ganzen natürlich nicht auf einzelne Sprachräume beschränken, jedoch läßt sich ohne nationalistische Überschätzung feststellen, daß die Geschichte des Problems im deutschen Sprachraum das differenzierteste Spektrum der Problematik eröffnet. Der oft zitierte Gemeinplatz, Deutschland sei *das* Land der Übersetzer, läßt sich an der Problemgeschichte sowohl qualitativ wie quantitativ erhärten. Vor allem hat die deutsche Übersetzungsdiskussion in engerem Zusammenhang mit poetologischen, literaturtheoretischen, sprachtheoretischen und sprachgeschichtlichen Erwägungen stattgefunden. Während sich z.B. in Frankreich die klassische Konzeption der freien, nur an der Zielsprache orientierten Übersetzung der *belles infidèles* gegen die Erkenntnisse der Sprach- und Literaturtheorie bis weit über den klassischen Zeitraum hinaus, ja z.T. bis auf den heutigen Tag erhalten hat, steht die deutsche Tradition selbst für eine Grundlage der Übersetzungsforschung ein, daß nämlich weder Übersetzungen noch auch ihre Theorie von den historischen Voraussetzungen abgelöst werden können, unter denen sie entstanden sind. Nirgendwo anders auch sind Übersetzungen so bruchlos als Teil der Nationalliteratur aufgefaßt und anerkannt worden.

1. Luther

Bibelübersetzungen trugen in der Geschichte der europäischen Völker sehr oft zur Konstitution einer nationalen Schriftsprache bei. Für das Neuhochdeutsche wiederholt sich dieses Phänomen in Martin Luthers Übersetzung (1522-34). In diesem Text läßt sich die **Formierung der neuhochdeutschen Schriftsprache** einzigartig beobachten, vor allem aber die eigenartige Zwischenstellung einer großen Übersetzung, insofern als sie einerseits von der gegenwärtigen Wirklichkeit einer Sprache ausgeht, zugleich aber ihr Werden deutlich macht, indem sie ungenutzte Möglichkeiten aufzeigt. Tatsächlich war Luther der erste Übersetzer und Übersetzungstheoretiker des deutschen Sprachraums, dem dieser Möglichkeits- und Entscheidungsspielraum ganz bewußt war. Aus seinem *Sendbrief vom Dolmetschen* (1530) sind zwar jene Stellen in aller Munde, wo das gute, klare und verständliche Deutsch geltend gemacht wird, vor allem jene Stelle, wo Luther sagt, man müsse nicht die lateinischen Buchstaben nach dem Deutsch fragen, sondern dem Volke »auf das Maul sehen« (Luther: *Sendbrief.* In: *Störig 1973*, S. 21), weniger aber jene, in denen Luther dem Effekt des bedeutenden Wortes den Vorzug vor dem deutschen Sprachgebrauch gibt und einbekennt, er wolle lieber »der deutschen Sprache Abbruch tun, denn von dem Wort weichen« (S. 25). Hier findet man ein spezifisches Verhältnis vor, das in der Neuinterpretation heiliger Schriften von je gegeben war und das in modifizierter Form auch für die Übersetzung ›profaner‹ Texte höchst bedeutsam ist. Dieses Verhältnis ist eines von Restauration und Revolution: Einerseits zielt die Neuinterpretation heiliger Schriften auf Veränderung, andererseits aber darf sie an der Autorität des überlieferten Wortes keinen Zweifel aufkommen lassen. Luther führt daher jeweils eine Doppelargumentation. Das gute und klare Deutsch ist nämlich als Zielvorstellung kein Selbstzweck, sondern wird jeweils auch als Rechtfertigung eines erneuerten Verhältnisses zu den Glaubensinhalten gegen die »Papisten« ins Feld geführt (vgl. die Diskussion der Übersetzung des Englischen Grußes, S. 22f.), andersherum aber wird für die sprachliche Neuerung, für Verfremdungseffekte, das Wort des Urtextes in seiner Autorität als Rechtfertigung geltend gemacht.

Bei Luther kommt auch bereits die **Individualität des Übersetzers** in die Reflexion. Wenngleich er an vielen Stellen im ganzen Gelehrtheit und Frömmigkeit als Voraussetzungen des Bibelübersetzers bestimmt und an vielen Stellen ›objektivistisch‹ argumentiert, so war er sich dennoch im klaren, daß viele Übersetzungsentscheidungen letztendlich subjektiv getroffen werden müssen, weil sie aus einer bestimmten Interpretation des Originals resultieren. Es ist daher mehr als Trotz gegen seine Widersacher, wenn er als Begründung einer bestimmten Übersetzungsentscheidung ausrichten läßt, der Doktor Martinus Luther wolle es eben so haben und nicht anders (vgl. ebd. S. 18f.), vielmehr weiß Luther, daß das Übersetzen »keineswegs eines jeglichen Kunst« (S. 25) ist.

Schließlich war sich Luther auch über die **Prozessualität des Übersetzens** bereits im klaren, eine Erkenntnis, die in der Folgezeit weitgehend wieder verloren ging und erst von Goethe und den Romantikern wieder deutlich gefaßt wurde. So wünschte sich Luther, die Bibel erneut und mit mehr Zeit übersetzen zu können.

Literatur:

Arndt, Erwin: *Luthers deutsches Sprachschaffen*, Berlin 1962.

Kolb, Winfried: *Die Bibelübersetzung Luthers und ihre mittelalterlichen Vorgänger im Urteil der deutschen Geistesgeschichte von der Reformation bis zur Gegenwart*, Saarbrücken 1970.

Meurer, Siegfried: *»Was Christum treibet«. Martin Luther und seine Bibelübersetzung*, Stuttgart 1996.

Noether, Ingo: *Luthers Übersetzungen des 2. Psalms, ihre Beziehungen zur Übersetzungs- und Auslegungstradition, zur Theologie Luthers und zur Zeitgeschichte*, Hamburg 1976.

Wolf, Herbert: *Martin Luther*, Stuttgart 1980 (= Slg. Metzler 193).

2. Aufklärung und Vorromantik

Nach Luther stagnierte das Problem über Jahrhunderte. Das Latein behielt seine Bedeutung als Bildungssprache unvermindert bei, erst mit ihrem langsamen Zurücktreten im 17. Jahrhundert gewann das Übersetzungsproblem wieder einige Bedeutung, ohne daß die spärlichen Bemerkungen in den Poetiken über Luthers Erkenntnisstand sehr weit hinausführten. Bei **Opitz** etwa hat das Problem der Übersetzung keine eigene Bedeutung, sondern ist eine **Spezialform der Nachahmung**. Immerhin erkannte Opitz die Bedeutung der Übersetzung für die Ausbildung der Sprache, jedoch bleibt sie auch hier Mittel zum Zweck. Wie wenig Opitz die eigentümliche Schwierigkeit des Übersetzens, die Bindung des Inhalts an die Sprache bewußt war, zeigt sich auch daran, daß er die *Arcadia* von Sidney nicht aus der Originalsprache, sondern aus dem Französischen ins Deutsche übersetzte. Die Behandlung der Äußerungen zur Übersetzung zwischen Luther und der Mitte des 18. Jahrhunderts gehören eigentlich nur am Rande zu einer Problemgeschichte des Übersetzens, da dieses eben kein Problem war, allenfalls ein technisches. Bei Befolgung bestimmter Regeln war Übersetzung jederzeit möglich und unproblematisch.

Diese Situation ändert sich auch im **Gottsched-Kreis** nicht wesentlich. Obwohl Gottsched und seine Frau zahlreiche Übersetzungen verfaßten, läßt sich seine Übersetzungstheorie im Grund auf zwei Prinzipien reduzieren: Der Übersetzer soll nicht interpretieren, und er soll die Regeln der deutschen bzw. der Zielsprache einhalten. Hintergrund für diese nicht in Frage gestellte Annahme der Möglichkeit einer nicht-interpretierenden Übersetzung ist der für die deutsche Aufklärung hauptsächlich von Christian Wolff erarbeitete rationalistische

Sprachbegriff, nach dem die Wörter die Zeichen der Gedanken sind und daher im Sprechen und im Schreiben ihre Stelle vertreten. Diese Auffassung basiert auf der aufklärerischen Überzeugung einer **Universalität der Gedanken**. Da die Gegenstände der Gedanken in aller Welt im Prinzip die gleichen seien, da alle Menschen im Prinzip gleich organisiert seien, müßte es eine feste Ordnung der Gedanken und der gewußten Gegenstände geben, von der die einzelne Sprache nur der je willkürlich verschiedene Ausdruck sei. Daher wurde die Schwierigkeit des Übersetzens nicht im Unterschied der Wörter gesehen, sondern in der unterschiedlichen Wortstellung der einzelnen Sprachen. Eine Schwierigkeit, die jedoch durch Rückführung auf die eine Gedankenordnung technisch lösbar schien (so der Artikel »Langue« der *Encyclopädie*). Diese Trennung von Form und Inhalt gilt bei Gottsched auch für die Poesie: »Die Verse machen das Wesen der Poesie nicht aus, viel weniger die Reime [...]. Denn wer wollte es leugnen, dass nicht die prosaische Übersetzung, welche die Frau Dacier von Homer gemacht noch ein Heldengedicht geblieben wäre« (Gottsched: *Critische Dichtkunst* 1740, S. 6f.).

Daher ist Gottscheds Position in der übersetzungstheoretischen Diskussion wenig konturiert, auch in der Diskussion über Bodmers Milton-Übersetzung redet er nur am Rande über übersetzungsspezifische Probleme, vielmehr geht es ihm dort um inhaltliche Fragen und um solche des Geschmacks. Wenn so Gottscheds Vorstellung von der Übersetzung trotz eigener Praxis von weitgehender Geringschätzung der Tätigkeit geprägt ist, so gibt es doch in seinem Umkreis einige Ansätze, die aus den allgemeinen Prinzipien von Gottscheds Dicht- und Sprachkunst genauere Bestimmungen des Übersetzens deduzieren. Der differenzierteste Beitrag ist Georg Venskys »Das Bild eines geschickten Übersetzers« (Vensky: *Beyträge zur Critischen Historie* ..., 9. St., 1734, S. 59ff.). Exemplarisch für die frühe aufklärerische Übersetzungstheorie ist daran vor allem, daß das Original nicht in seiner Sprachlichkeit bedacht wird, weshalb die Forderungen der Genauigkeit, Deutlichkeit und Klarheit im Vordergrund stehen, wichtiger aber noch ist das Bestehen auf **Reinheit und Regelrichtigkeit der Zielsprache** im Sinne der Gottschedschen Sprachlehre. Zwar erkennt Vensky den Neuerungscharakter der Übersetzung, jedoch darf dieser nur innerhalb der Grenzen hervortreten, die Gottsched für den Ausbau der deutschen Sprache vorgesehen hatte.

Darüber hinaus aber erscheinen in *Beyträge zur Critischen Historie der Deutschen Sprache, Poesie und Beredsamkeit*, der wichtigsten Zeitschrift des Gottsched-Kreises, einzelne unsystematische Bemerkungen zur Übersetzung, die den rationalistischen Sprachbegriff bewußt oder unbewußt in Frage stellen. Z.B. beteuert etwa eine anonyme Besprechung, daß man der eigenen Sprache keine Gewalt antun dürfe, jedoch müsse auch die Schönheit des Originals als ein Fremdes erscheinen: »Damit lehret er [der Übersetzer] seine Sprache fremde Gedanken reden, unbekannte Schönheiten ausdrücken, und durch glückselige Verwegenheit, fremde Seltenheiten seinen Landsleuten bekannt und geläufig zu machen« (Beyträge ..., 17. St., S. 10). Hier ist die rein inhaltliche Betrachtungsweise implizit in Frage gestellt, indem die Fremdheit der Sprache auch auf die Gedanken übertragen wird. Fremde Gedanken dürfte es nach einem aufklärerischen Sprachbegriff eigentlich nicht geben. Darüber hinaus gibt die verwendete Metaphorik dem Übersetzen den Charakter der Kühnheit und des Wagnisses, ein Bild, das sich dann bei Bodmer und Breitinger sehr häufig finden wird.

Wie bei dieser Stelle ist bei der Erforschung der früheren **aufklärerischen Übersetzungstheorie** immer die Einbindung in eine Dogmatik zu bedenken, andererseits aber die Absicht, unter der diskutiert wird. Der Wolff/Gottschedsche Sprachbegriff hat für lange Zeit so uneingeschränkte Geltung, daß eine grundsätzliche Infragestellung nicht versucht wird, weshalb man Wandlungen der Auffassung sehr häufig nur in den Nebenargumentationen findet. Wird dies nicht beachtet, so kann die aufklärerische Übersetzungsdiskussion nur als »endlose Pragmatik« erscheinen, in der ein »eigentlicher Fortschritt« (Huber 1968, S. 5). nicht zu beobachten ist.

Dies gilt ganz besonders für die **Übersetzungstheorie Breitingers**, in der man zunächst wenig Unterschiede zu der des Gottsched-Kreises feststellen wird, wenn man nicht den Zusammenhang mit seiner Poetik, vor allem aber mit der Milton-Übersetzung Bodmers beachtet. So geht die meistzitierte Stelle aus Breitingers Bemerkungen zur Übersetzung scheinbar ebenfalls davon aus, der Übersetzer habe eine Identität der Gedanken mit anderen Zeichen herzustellen:

»Von einem Übersetzer wird erfordert, daß er ebendieselben Begriffe und Gedancken, die er in einem trefflichen Muster vor sich findet [...] mit anderen gleichgültigen [d.h. gleichbedeutenden] bey einem Volke angenommenen, gebräuchlichen und bekannten Zeichen ausdrücke, so daß die Vorstellung der Gedancken unter beyderley Zeichen einen gleichen Eindruck auf das Gemüthe des Lesers mache« (Breitinger, *Critische Dichtkunst* 11, 1740, S. 139).

Bereits an der Stelle selbst fällt auf, daß Breitinger das Gemüt (an anderer Stelle das Herz) des Lesers als Instanz des gleichen Eindrucks bestimmt, wodurch fraglich wird, ob mit »Gedancken« noch dasselbe gemeint ist wie bei Gottsched, darüber hinaus aber wird im weiteren diese Forderung an den Übersetzer auch an anderen Stellen relativiert. So glaubt Breitinger nämlich – für den größeren Teil des Sprachmaterials – gar nicht an die Existenz wirklich gleichbedeutender Zeichen; diese ist vielmehr nur für ein Basismaterial der Sprache gegeben, während die Sachlage bei Redensarten, Metaphern usw. anders ist, was Breitinger natürlich gerade am Beispiel von Miltons Bildern nicht entgehen konnte.

Vor allem aber sind es Breitingers Ansätze zu einer **Historisierung der Poetik**, die seine Bestimmung des Übersetzungsvorgangs in einem anderen Licht erscheinen lassen. Vor dem Hintergrund der Milton-Übersetzung sind es vor allem die Explikationen des Neuen und des Wunderbaren, die das Postulat vom gleichen Eindruck auf das Gemüt des Lesers relativieren. Diese Wirkung nämlich, so Breitinger bei der Diskussion des Nachahmungsgrundsatzes, würde nur dann eintreten, wenn nicht »auf Seite des Menschen die betäubende Gewohnheit diesen Würckungen allen Zugang und Einfluß in das Gemüthe versperrete« (Breitinger, S. 107f.). Weiterhin verändert sich nach Breitinger auch die Auffassung vom Schönen mit der Zeit, vor allem aber sind die Rezeptionsbedingungen selbst verschieden und veränderlich (vgl. ebd., S. 123ff.). Diesen Veränderungen muß die Dichtung dadurch Rechnung tragen, daß sie immer wieder Neues und Ungehörtes produziert, um den Leser ebenfalls zu bewegen. So wird deutlich, daß die **Gleichheit der Wirkung** auf das Gemüt des Lesers nicht durch ein bloßes Abbild erzeugt werden kann, sondern daß diese je in einem bestimmten Verhältnis des Lesers zum Text bestehen muß, das je nach den Umständen mit verschiedenen Mitteln realisiert werden muß.

Noch vor Hamann und Herder erkannten Bodmer und Breitinger zumindest in Ansätzen, daß sich die Unterschiedlichkeit der Nationen in den Unterschieden der Sprache objektiviert. Es gibt daher nach Breitinger unterschiedliche »Gemüthes und Denkensarten«, »welche sich notwendig in die Art zu reden ergiessen, ich sage noch mehr, derselben sich gleichsam einprägen« (ebd., S. 134f.). Zwar redet Breitinger an dieser Stelle nur vom Idiomatischen, da er aber diesen Begriff so weit faßt, daß er auf den größeren Teil des Sprachmaterials zutrifft, zeigt sich schließlich, daß die Annahme der Existenz gleichbedeutender Wörter nicht aufrecht erhalten wird, daß diese bei Breitinger gleichsam unterwandert wird.

Was nun aber vollends die rationalistische Sprach- und Dichtungsauffassung in Frage stellt, ist Breitingers Theorie von der »herzrührenden Schreibart«, die ebenfalls deutlich in ihrem Ursprung aus dem Miltonerlebnis erkennbar wird. Sie zielt auf eine »Sprache der Leidenschaft«, die auf direktem Wege und das heißt eben als Form auf die Bewegung des Gemüts des Lesers zielt, »also daß man aus der Form der Rede den Schwung, den eine Gemüthes-Leidenschaft überkommen hat, erkennen kann« (ebd., S. 354f.). Hierin ist die Erkenntnis enthalten, daß die Unterschiede der Sprachen und aber auch die Unterschiede zwischen **verschiedenen Sprachverwendungen** nicht zuerst darin bestehen, was in ihnen mit den Wörtern bezeichnet wird, sondern wie bezeichnet wird, und diese Erkenntnis muß eine neue Epoche des Übersetzungsproblems einleiten.

Die ganze Aufregung um Bodmers Übersetzung von Miltons *Paradise Lost* (1732; die literarhistorisch bedeutsamere Fassung 1742) wäre kaum zu verstehen, ginge es nicht dabei um sehr Grundsätzliches. Gottsched selbst erkannte erst im Lauf der Zeit, daß sie seinem Sprach- und Dichtungskonzept und damit seinem Einfluß aufs höchste gefährlich werden mußte. Denn die prosaische Übersetzung unterscheidet sich auf den ersten Blick sprachlich nicht von der Bildungssprache der Zeit. Miltons feierlicher Tonfall ist in den z.T. umständlichen und kurzatmigen Wendungen der Übersetzung kaum wiederzufinden. Gerade aber die Unangemessenheit von Sprache und Gehalt, Widerspruch als Dynamik wies Möglichkeiten der Sprache auf, die dann allerdings erst Klopstock nutzte, der in seinem *Messias* den Theorien der Schweizer die dichterische Praxis sozusagen nachlieferte. Als Sprachkunstwerk darf man die **Bodmersche Milton-Übersetzung** geringschätzen, als Übersetzung ist sie für ihre Zeit revolutionär, weil sie eine Nähe zum Text sucht, die vorher nur bei der Übersetzung heiliger Schriften angestrebt wurde. Trotz der Inkonsequenzen im Übersetzungsverfahren, die sich z.T. auch aus der apologetischen Intention Bodmers erklären, daraus, daß er Milton gegen die Vorwürfe der Unlogik und des Schwulstes in Schutz nehmen wollte, ist es vor allem die Einläßlichkeit auf die Bilder des Originals, die bewirkt, daß für die Zeit Unerhörtes bei der Übersetzung herauskommt. Hier beginnt eine Tradition der deutschen Literaturgeschichte, in der auf dem Umweg über das ältere, fremde Werk neue Formen zur sinnlichen Anschauung gebracht werden.

Am intensivsten läßt sich der enge Zusammenhang von Literaturtheorie, Literaturgeschichte und Übersetzung am Prozeß der **Aneignung Shakespeares** im Lauf des 18. Jahrhunderts studieren. Wieland war der erste, der es unternahm, den ganzen Shakespeare zu übersetzen (es wurden dann allerdings nur 22 Dramen) – ein für seine Zeit bei dem fast völligen Fehlen eines Verständnishorizontes und von philologischen Arbeitsmitteln geradezu heroisches Unternehmen, das Wieland denn auch zwischenzeitlich zur Last wurde. **Wielands Übersetzung** ist in der Folgezeit häufig für sein Unverständnis, die offensichtlichen Fehler, die z.T. auch auf die Verwendung einer ganz und gar unzulänglichen Originalausgabe zurückgehen, und für die klassizistische Beckmesserei in den Anmerkungen gerügt worden, dennoch ist sie »eines der unterirdisch einflußreichsten Werke« der deutschen Literatur (Gundolf 1959, S. 170) geworden. Erst sie gab dem Shakespeare-Bild eine Konkretion, von der her sich ein Bedürfnis nach vollkommenerem Verständnis überhaupt entwickeln konnte. Gundolf hat den Mangel an Prinzip und Vor-Urteil bei Wieland beklagt, der die Auflösung Shakespeares in eine Summe von Einzelheiten bewirkt habe (Vgl. Gundolf 1959, S. 156), jedoch war es gerade diese Offenheit Wielands, die die Realisierung des Unternehmens überhaupt sicherte. Eine Übersetzung des gesamten Shakespeare unter bestimmter Perspektive und bestimmtem Gestaltungswillen wäre zu Wielands Zeiten wahrscheinlich gar nicht möglich gewesen. Goethe hat das so ausgedrückt, daß sich Wieland der Eigenart Shakespeares nur insofern annäherte, als »er seine Konvenienz dabei fand« und – vermittels der Repräsentativität seines Geschmacks – damit den Deutschen den Shakespeare überhaupt genießbar gemacht habe (vgl. Goethe. In: *Störig 1973, S. 36).

Das Verdienst Wielands, der Shakespeare-Diskussion eine sprachlich konkrete Grundlage gegeben zu haben, wird umso deutlicher, wenn man bemerkt, daß in den Shakespeare-Zeugnissen der Zeit – z.B. in Lessings *Literaturbriefen* (insbesondere 17. und 51.) oder Herders »Shakespeare«-Aufsatz – Shakespeare weniger als Werk denn als Prinzip erscheint, das als kritische Waffe vor allem gegen den Klassizismus der Franzosen in Anspruch genommen wird. Shakespeares Name wird hier zu einem Begriff, mit dem der Forderung nach Erneuerung der dichterischen Ausdrucksformen der deutschen Sprache Nachdruck verliehen wird, ohne daß immer inhaltlich konkret würde, wie dieses Neue aussehen soll. Erst die Wielandsche Übersetzung gab dann – wie sich bei Lessing an der Veränderung der Shakespeare-Äußerungen zwischen *Literaturbriefen* und *Hamburgischer Dramaturgie* ablesen läßt – der Diskussion festeren Boden.

Was nun die Übersetzungstheorie im engeren Sinne betrifft, so gewinnt das Problem bei **Lessing** und Wieland und auch bei **Klopstock**, trotz zahlreicher Äußerungen dazu, nicht genügend Kontur, um die klassizistisch-rationalistische Konzeption entscheidend in Frage zu stellen. Dies liegt vor allem daran, daß es keine Sprachkonzeption gab, die dem Wolff-Gottschedschen Sprachbegriff hätte Paroli bieten können. Trotz wesentlicher Einsichten in die Natur der dichterischen Ausdrucksformen blieb etwa Lessing ganz dem rationalistischen Konzept vom **Gedanken als dem Boden der Sprache** verhaftet, worauf auch seine Übersetzungskritik in den *Literaturbriefen* beruht. Während er bei der Beurteilung literarischer Formen Entwicklung, Verschiedenheit und Besonderheit gelten läßt, führt er in der Übersetzungskritik die Verschiedenheit der Sprachen schließlich doch immer wieder auf eine universale Gedankenordnung zurück, so daß Sprache nicht als ein eigener Seinsbereich erscheinen kann. Aber auch, wenn man wie Klopstock die Sprache in Glaube und Empfindung gründen läßt, oder wie Bodmer und Breitinger das Gemüt und nicht die Vernunft als Rezeptionsinstanz setzt, ist damit für die entscheidende Frage, in welcher Weise Gedanken und Vorstellungen sprachlich erscheinen, noch zu wenig gewonnen.

Erst die Herdersche Sprachtheorie gab der von Bodmer und Breitinger und Lessing geforderten, von Klopstock unternommenen Erneuerung der Dichtersprache einen festen argumentativen Rückhalt und veränderte zugleich die Voraussetzungen der Reflexion des Übersetzungsproblems sehr wesentlich. Die zwischen Hamann und Herder entstandene Erkenntnis, daß das Wesen der Welt selbst sprachlich ist, daß sowohl Gedanken wie Gefühle an ihre spezifische sprachliche Form gebunden sind, mußte die Reflexion des Übersetzungsproblems in eine ganz andere Richtung lenken.

Bei **Johann Georg Hamann** erscheint das Problem in noch radikalerer Form. Gegen Herders in der Sprachschrift vertretene Auffassung, die Sprache sei vollständig aus der Natur des Menschen und seiner spezifischen in der Auseinandersetzung mit der Umwelt entstandenen Organisation heraus erklärbar, machte Hamann die zugleich göttliche und menschliche Natur der Sprache geltend. Für Hamann ist die schöpferische Sprachfähigkeit des Menschen bereits die Bedingung seines Menschseins, Voraussetzung der Entwicklung von Vernunft wie Religion, und deshalb kann ihr Ursprung nicht selber innerhalb der Entwicklung der Menschengattung angenommen werden, sondern muß dieser vorausgehen. Menschliche Sprache muß als Reflex des schöpferischen Gotteswortes begriffen werden. Die Paradoxie der zugleich göttlichen und menschlichen Natur der Sprache äußert sich im Dualismus des Enthüllens und Verbergens aller sprachlichen Zeichen: einerseits stehen alle Worte nur als Verweise auf die letztlich unaussprechliche Kommunikation göttlicher Ideen, und dennoch beruht alle Wahrnehmung auf der Erkenntnisfunktion sprachlicher Zeichen, weil die Wirklichkeit für den Menschen nirgends anders existiert als in den Zeichen als Symbolen.

In Abwandlung des Übersetzungsgleichnisses von Cervantes erscheint daher nicht nur die Übersetzung, sondern Reden überhaupt als die verkehrte Seite von Tapeten, andersherum kann Hamann alles

Reden als Übersetzung bestimmen, nämlich als Übersetzung einer Engels- in eine Menschensprache. Menschensprache wie Engelszunge sind nur Analogien des schöpferischen Gotteswortes. Aber gerade in dieser Analogie ist die Sprache das Gefäß der spezifisch menschlichen Einheit von Geist, Seele und Sinnlichkeit, die in keinem sprachlichen Ausdruck voneinander getrennt werden können. Deshalb stellt sich das Problem der Übersetzung in jenem ›eigentlichen‹ Sinn für Hamann denn auch gar nicht.

Bei **Herder** dagegen bleibt die **Sprache ein weltimmanentes Phänomen**, und dies sichert, daß sich das Problem der Übersetzung als ein eigenes diskutieren läßt. Herder verwirft in seiner Schrift *Über den Ursprung der Sprache* (1770) die aufklärerische Konventionstheorie ebenso wie die ältere vom göttlichen Ursprung der Sprache und ließ sich auch von Hamanns Einwendungen nicht davon abbringen, den Sinn der Sprache in der Entwicklung des Menschengeschlechts zu orten. Sprache entspringt für Herder der je verschiedenen Auseinandersetzung der Menschen mit ihrer Umwelt und den resultierenden Schlüssen, die in der »Besonnenheit« möglich werden. Damit muß sich aber auch die Beurteilung der **Vielheit der Sprachen** verändern. Diese erscheint nun nicht mehr als zu beseitigender Mangel, sondern diese Vielheit wird als notwendige Verschiedenheit zum Positivum, das die Identität von Stämmen, Völkern usw. in der geschichtlichen Betrachtung überhaupt erst kenntlich macht und zugleich sichert.

Wenn nun bei Herder das Charakteristische der Sprachen, aber auch der jeweiligen Werke eben in ihrer Verschiedenheit voneinander besteht, wenn in der genetischen Sprachbetrachtung die Entwicklung der Sprache als unendliche Progression in der stammesgeschichtlichen und soziohistorischen Konstitution des Menschen verankert wird, Sprache als sonderbarstes und eigentümlichstes Mittel des Menschen, das die Wechselwirkung zwischen Individualität und Kollektivität bedingt, muß sich das Problem der Übersetzung noch einmal ganz neu stellen. Wenn die Wörter keine Sachen oder Begriffe mehr bezeichnen, sondern nur Merkmale von Sachen und Begriffen als Namen, die in jeder Sprache verschieden und unverwechselbar sind, kann es **keine** ›richtige‹ Übersetzung mehr geben, ja, es fragt sich sogar, ob Übersetzung überhaupt wünschenswert ist, wenn man, wie Herder, die Ausbildung von Verschiedenheit als positiven geschichtlichen Zug betrachtet.

Diesen Widerspruch löst Herder, indem er der Übersetzung selbst die Aufgabe zuweist, an jener **Ausbildung von Verschiedenheit**, mitzuwirken. Keine Übersetzung sagt nun mehr dasselbe in einer anderen Sprache, sondern bringt selber immer ein Anderes hervor, macht die Bewegung der Geschichte sichtbar. Dies ist die Voraussetzung der

Möglichkeit der Übersetzung, wie sie in Herders *Fragmente über die neuere deutsche Literatur* (1767) und in *Kritische Wälder* erscheint. Übersetzung wird hier bestimmt als Vermittlung zwischen den Zeiten, den verschiedenen Ausbildungsstufen der Sprachen und der Vermittlung der Nationalsprachen untereinander. In den jüngsten übersetzungstheoretischen Debatten um die Verfahren postkolonialen Übersetzens wird Herders »Kritik der ethnozentrischen Repräsentation« (Poltermann 1997) eingehend gewürdigt.

Der Großteil der übersetzungstheoretischen Diskussion des 18. Jahrhunderts, aber auch wichtige poetologische Fragen, beziehen sich seit etwa 1760 auf **Shakespeare**, wobei die Kenntnisse recht unterschiedlich gewesen sein dürften. Durch Wielands Übersetzung (1762-1766) wurde die Diskussion dann immer intensiver. Da Englisch als Fremdsprache seinerzeit kaum eine Rolle spielte, blieb die Wielandsche Übersetzung für einige Zeit für viele Leser die einzige Möglichkeit, sich mit Shakespeare bekanntzumachen, denn die vereinzelten älteren Übersetzungen hatten kaum Verbreitung gefunden, und die Shakespeare-Bearbeitungen der englischen Wanderschauspieler gaben meist nicht einmal die Handlungsstruktur korrekt wieder, geschweige denn, daß sie Shakespeares Sprache fühlen ließen. Nach dem Versuch, *A Mid-Summer Night's Dream* in Verse zu übertragen, entschloß sich Wieland zu durchgängiger Prosa, was wahrscheinlich eine weise Entscheidung war, denn Wieland hatte sich mit der Übersetzung ohnehin zu viel zugemutet. Dennoch war mit der Entscheidung für eine Prosa-Übersetzung ein bestimmter Rahmen für das entstehende Shakespeare-Bild vorgegeben, der zu einigen Seltsamkeiten führte. Viele Vorwürfe die Kunstlosigkeit Shakespeares betreffend meinen z.B. eher die Wielandsche Übersetzung.

Obwohl Wieland Shakespeare so geben wollte, wie er ist, kann er sich an vielen Stellen doch nicht enthalten, in metaphorischer und syntaktischer Hinsicht zu glätten, zu mildern und zu verflachen, und in den Anmerkungen auf Kunstverstöße Shakespeares hinzuweisen. Dennoch erschien den Zeitgenossen der Wielandsche Text noch ungewöhnlich genug, gegenüber dem bläßlichen Idiom seiner Zeit wirkte die Sprache von Wielands Übersetzung befreiend und erschien den Sturm und Drang-Dichtern als eine Offenbarung.

Wielands Übersetzung ist ein Beispiel dafür, daß die Wirkung einer Übersetzung nicht von den technischen Fehlern abhängt, die sie macht. Wielands Fehler sind sogar häufig regelrechte Anfängerfehler, er arbeitete mit haarsträubender Ausrüstung, indem ihm nur ein englisch-französisches Lexikon zur Verfügung stand, er also gerade bei kritischen Stellen den Umweg übers Französische machen mußte.

1775 bis 1782 machte sich dann J.J. **Eschenburg** daran, die Wielandsche Übersetzung zu überarbeiten und zu vervollständigen. Trotz der nüchternen und oft umständlichen Wendungen Eschenburgs entstand auf diese Weise eine sehr brauchbare und zuverlässige Ausgabe, auf die fast alle späteren Shakespeare Übersetzer mit Einschluß A.W. Schlegels zur Orientierung zurückgegriffen haben.

Literatur:

Apel, Friedmar: Shakespeare unter den Deutschen. In: ders. (Hg.): *Ein Shakespeare für alle. Begleitbuch zu den Shakespeare-Übersetzungen von Erich Fried*, Berlin 1989, S. 9-22.

Bender, Wolfgang: *Johann Jakob Bodmer und Johann Jakob Breitinger*, Stuttgart 1973 (Slg. Metzler113).

Borgmeyer, Reimund: *Shakespeares Sonett »When forty Winters« und die deutschen Übersetzer*, Bochum 1967.

Drewing, Lesley: *Die Shakespeare-Übersetzungen von J.H.-Voß und seinen Söhnen*, Eutiner Bibliothekshefte 5/6, Eutin 1999.

Fränzel, Wolfgang: *Geschichte des Übersetzens im 18. Jahrhundert*, Leipzig 1914.

Fuchs, G.: *Übersetzungstheorie und -praxis des Gottsched-Kreises*, Freiburg (Schweiz) 1936.

Gaier, Ulrich: Geschichtlichkeit der Literatur: Bedingungen des Übersetzens bei Herder. In: *Stadler 1996, S. 32-41.

Gundolf, Friedrich: Shakespeare und der deutsche Geist [1911], Stuttgart [11]1959.

Huber, Thomas: *Studien zur Theorie des Übersetzens im Zeitalter der deutschen Aufklärung 1730-1770*, Meisenheim a. Glan 1968.

Itkonen, Kyösti: *Shakespeare-Übersetzungen Wielands (1762-1766). Ein Beitrag zur Erforschung englisch-deutscher Lehnbeziehungen*, Jyväskylä 1971.

Joergensen, Sven-Aage: *Johann Georg Hamann*, Stuttgart 1976 (Slg. Metzler 43).

Kob, Sabine: *Wielands Shakespeare- Übersetzung: Ihre Entstehung und ihre Rezeption im Sturm und Drang*, Frankfurt a.M. et al. 2000.

Poltermann, Andreas: Antikolonialer Universalismus: Johann Gottfried Herders Übersetzung und Sammlung fremder Volkslieder. In: GB 12 1997, S. 217-269.

Proß, Wolfgang: *J.G. Herder, Abhandlung über den Ursprung der Sprache, Text, Materialien, Kommentar*, München/Wien 1978. Senger, Anneliese: *Deutsche Übersetzungstheorie im 18. Jahrhundert (1734-1746)*, Bonn 1971.

Schaefer, Klaus: *Christoph Martin Wieland*, Stuttgart 1996 (Slg. Metzler 295).

Stadler, Ernst: *Wielands Shakespeare*, Straßburg 1910.

Stellmacher, Wolfgang: *Auseinandersetzung mit Shakespeare. Texte zur deutschen Shakespeare-Aufnahme von 1740 bis zur Französischen Revolution*, Berlin 1976.

ders.: *Herders Shakespeare-Bild. Shakespeare-Rezeption im Sturm und Drang*, Berlin 1978.

Unger, Rudolf: *Hamann und die Aufklärung, Studien zur Vorgeschichte des romantischen Geistes*, Tübingen 1968

3. Romantik und Goethezeit

Obwohl es in der Frühromantik keine zusammenhängende größere Darstellung des Übersetzungsproblems gibt, gewinnt es innerhalb des frühromantischen Denkens eine bis dahin nie dagewesene Bedeutung, die so weit geht, daß – nach einer Sentenz Clemens Brentanos – sich die Begriffe des Romantischen und der Übersetzung schließlich decken. Hamanns **Erweiterung des Übersetzungsbegriffs** wird bei den Romantikern noch gesteigert; die romantische Neigung, den Begriffen einen möglichst weiten Spielraum zu geben, läßt sich bei Übersetzungsproblemen besonders gut beobachten, (vgl. die Bedeutungsvarianten bei Huyssen 1969, S. 28). Wenngleich sich die Übersetzungsforschung auf einen engeren Begriff zu beschränken hätte, so weist doch diese Begriffsöffnung nachdrücklich darauf hin, daß Übersetzung bei den Romantikern und auch bei Goethe in vielfältigstem Zusammenhang mit der Kunst-, Geschichts- und Sprachtheorie, mit Dichtung, Kritik und Verstehenslehre betrachtet werden muß.

Gleichsam eine Keimzelle der romantischen Kunst- und Wissenschaftstheorie sind **Friedrich Schlegels** Notizhefte zur *Philosophie der Philologie* von 1797, deren Ideen bis hin zu Schleiermacher wirksam blieben. Schlegel liefert hier die Umrisse einer neuen Philologie, die als Bezugsrahmen der übersetzungstheoretischen Reflexion erscheint. Mit der Erkenntnis der wesentlichen Verschiedenheit von Antike und Moderne und der daraus resultierenden Abkehr von der Nachahmungspoetik muß nach Schlegel auch eine neue Philologie entstehen, die den historischen Aspekt der Betrachtung von Sprache und Dichtung zu ihrer Hauptaufgabe macht. Daher folgt auch die Einteilung der Philologie Schlegels Grobklassifizierung in ›klassisch‹ und ›progressiv‹. Gegenüber der herkömmlichen klassischen Philologie, die Sprache und Dichtung als ein Sein begreift, untersucht die neue Philologie die Gegenstände in ihrem Werden und begreift sich dabei selber als ein sich Veränderndes, nie zu Ende Kommendes.

Indem Schlegel die **Geschichtlichkeit als das Hauptproblem der Übersetzungstheorie** begreift, ist für ihn die gesamte vorhergehende Diskussion des Problems wenig ergiebig: »Wir wissen eigentlich noch gar nicht, was eine Übersetzung sey« (Schlegel. In: *Logos* 17, 1928,

S. 38). Daher grenzt Schlegel den Begriffsinhalt in der Hauptsache durch Negationen ein. Vor allem sei eine Übersetzung »durchaus keine Nachbildung« (S. 46). Sie habe nicht die Aufgabe, das Original zu ersetzen und könne es auch gar nicht. Daher wirft er der Voßschen Homerübersetzung vor, sie verhalte sich »stehenbleibend« (S. 33), so daß schließlich historische Dynamik als Abstand und **Verschiedenheit als Kriterium** der gelungenen Übersetzung erscheint. Gerade die Übersetzung von Werken, die klassisch geworden sind, präsentiert sich als ein Phänomen des Übergangs, indem sie die jeweilige Stufe des Verständnisses darstellt, welche nach weiterem Verständnis verlangt. Jede Übersetzung ist ein Moment im Fortleben des alten Werks, gleichzeitig aber selbst ein neues Werk und somit Moment der **werdenden Kunstform**. Von diesem Gedanken her erklärt sich die hohe Bedeutung des Übersetzungsproblems innerhalb der Kunsttheorie der Romantiker, schließlich ihre Gleichsetzung mit dem Romantischen überhaupt. Übersetzung ist das Phänomen, an dem die romantische Zentralidee vom ›Kontinuum der Formen‹, der Progressivität der Poesie am reinsten sichtbar wird.

Für **Novalis** löst sich dann der Unterschied zwischen Dichtung und Übersetzung vollkommen auf, bzw. Übersetzung wird sogar zur höherwertigen Tätigkeit. **Der Übersetzer höherer Art** muß nach Novalis »der Dichter des Dichters« sein, »ihn also nach seiner und des Dichters eigener Idee zugleich reden lassen können« (Novalis, 68. *Blüthenstaub-Fragment*). Damit fügt sich die Übersetzung in Novalis' Vorstellung von der gegenseitigen Abbildung von Besonderem und Allgemeinem, Individualität und Welt ineinander, die allerdings als vollständige erst für das Ende der Geschichte gedacht werden kann. Solange Geschichte noch im Werden ist, bleibt eine Differenz, auf jene Einheit kann nur verwiesen werden. Analog dazu hat Übersetzung in Novalis' Vorstellung die Funktion, auf jenen Punkt zu verweisen, an dem dereinst die gesamte Menschheit mit einer Stimme reden könnte. Unterhalb dieser höchsten Art der Übersetzung, die Novalis »mythisch« nennt, weil sie nicht das Kunstwerk, sondern dessen »Ideal« gibt (und daher als Gegenstand der literaturwissenschaftlichen Übersetzungsforschung wohl kaum abzugrenzen ist), unterscheidet Novalis die »grammatische« und die »verändernde« Übersetzung. Die grammatische Übersetzung ist dabei jene tendenziell sich stehenbleibend verhaltende Art der gelehrsamen, in der Ratio versteinerten Übersetzung, während die verändernde Übersetzung als die Dynamik hervorbringende poetische Art der Übersetzung zu denken ist.

Die übersetzungstheoretischen Bemerkungen **August Wilhelm Schlegels** sind naturgemäß sehr stark mit seiner Shakespeare-Übersetzung verbunden. In einem Aufsatz von 1796 über *Shakespeare bei Gelegenheit Wilhelm Meisters* nimmt er die Shakespeare-Darstellung in Goethes Roman zum Anlaß, darauf hinzuweisen, daß es einen Widerspruch zwischen der hohen Bedeutung, die Shakespeare dort für die Bildung des deutschen Geistes beigelegt wird, dem poetischen Licht, in dem Shakespeares Werk bei Goethe erscheint, und der Prosa der vorhandenen Übersetzungen gibt. Hieraus leitet Schlegel das Erfordernis einer poetischen Übersetzung ab, die nach Schlegel »in gewissem Sinne noch treuer als die treueste prosaische sein könnte« (Schlegel: *Kritische Schriften und Briefe*, hg. E. Lohner, Bd. 1, S. 116).

Vor allem aber geht nun das **Kriterium der Differenz** selbst in die Übersetzungsdefinition ein, indem Schlegel an eine solche Übersetzung die Anforderung stellt, sie dürfe »keine von den charakteristischen Unterschieden der Form auslöschen«. Daß eine solche Forderung anhand Shakespeares erhoben wird, hält die Dialektik fest, die sich zwischen der Vorstellung vom Übersetzen und dem immer tieferen Eindringen ins fremde Werk im 18. Jahrhundert abgespielt hatte. Das Sturm- und Drang-Bild von Shakespeare, das hauptsächlich auf Wielands Übersetzung gründete, hatte Unterschiede der Form noch nicht derart enthalten. Regel- und Formlosigkeit erschienen hier gerade als Vorzüge Shakespeares gegenüber der eingetrockneten Regelhaftigkeit des Klassizismus. Nach Schlegel hat nun Shakespeares Werk das »Fegefeuer kunstrichterlicher Beurteilungen« überwunden, und die Rekapitulation dieses Fegefeuers benutzt Schlegel im Nachhinein zu Differenzierungen wie zu Synthesen.

In der 25. bis 31. seiner Wiener Vorlesungen (1809-1811) hat er diesen Differenzierungsprozeß im Shakespeare-Bild noch einmal zusammengefaßt. Schlegel weist hier auf, daß die Ansicht von der Regellosigkeit Shakespeares nur dadurch zustande kommen konnte, daß man die Regeln von außen an das Werk herantrug; demgegenüber bemüht sich Schlegel um eine Begründung der Kompositionsregeln aus dem Inneren des Werks heraus. Dem Vorwurf der Formlosigkeit wird mit einem erweiterten, organischen Formbegriff Shakespeares spezifische Formung gegenübergestellt, aus der eine Übereinstimmung von Form und Gehalt und die innere Stimmigkeit des Werks resultiert. Der Meinung, Shakespeares sei ungebildet gewesen, begegnet Schlegel, indem er nachweist, wie souverän das Bewußte im Hinblick auf die Erreichung des Gestaltungszwecks gehandhabt wurde. In Schlegels Synthesen der einzelnen Stufen des Aneignungsprozesses erscheint Shakespeare schließlich sowohl als unbewußt schaffendes Genie wie als Gedankenkünstler, als Synthese von Natur, Phantasie und Verstand. Hinsichtlich seiner Sprache, analog dazu, als sowohl alltäglich wie poetisch, natürlich und künstlerisch. Shakespeare wird so bei Schlegel selbst zum Vertreter einer sprachbewegenden Dichtungskonzeption, wenn abschließend gesagt wird, Shakespeare habe alle Möglichkeiten damaliger Sprache bis an die Grenze und über sie hinaus ausgeschöpft (vgl. Schlegel 1809-11, Bd. VI, 25.-27. Vorlesung).

Daß nun jedes kleinste Detail der Shakespeareschen Form in seiner Notwendigkeit gerechtfertigt wird, ist Prämisse wie Resultat der Schlegelschen Übersetzungsarbeit und macht die **Erweiterung des Übersetzungsbegriffs durch Schlegel** erst ganz deutlich. Wie weit sich Schlegel damit vom auf Repräsentation und Klarheit begründeten Sprachbegriff der Aufklärung entfernt hat, zeigt sich besonders in seiner Forderung, die Übersetzung müsse auch die Dunkelheit des Originals, die als »Unergründlichkeit der schaffenden Natur« (Bd. I, S. 93) zum Wesen des Kunstwerks gehöre, nachbilden. Hierin scheint nun aber ein unauflöslicher Widerspruch zu liegen, denn wie kann etwas in einer anderen Sprache erscheinen, das im Original selbst nur als Ahnung zu erfassen ist? Die Antwort liegt in der hohen Vorstellung der Romantiker vom Wesen der Sprache, die als kollektives Gedächtnis demjenigen, der sie als Geformtes durchdringt, erlaubt, Differenzierungen wahrzunehmen, den Anteil an dem, was die Sprache an individueller und kollektiver Erfahrung aufbewahrt, sichert. Oder wie Friedrich Gundolf es ausgedrückt hat: »Wer das Spracherlebnis hat, der erlebt durch ihr Medium den ganzen Umfang der in ihr ausdrückbaren Schicksale, ohne diese primär auf sich nehmen zu müssen« (Gundolf 1959, S. 305).

Für die Theorie der Übersetzung bedeutet dies, daß die Treue gegenüber dem Sinn des Originals aufhört, das maßgebliche Problem zu sein. In der an praktischen Einsichten reichen Voß-Rezension von 1796 (*Werke*, hg. E. Böcking, Bd. 9/10, S. 115ff.) geht Schlegel bereits von dem Postulat aus, daß »aller Inhalt eines Gedichts doch nur durch das Medium der Form erkannt wird« (ebd., S. 134), und diese Erkenntnis wird gerade beim Problem der Übersetzung von Werken aus vergangenen Zeiten oder weit entfernten Kulturen ganz deutlich. Repräsentierten die Wörter nur, so wäre jede alte Dichtung weitgehend unverständlich, ebenso wie Dichtungen aus Kulturen, die uns nicht bekannt sind. So ist nach Schlegel die ganze homerische Welt nur als geformte Sprache vorhanden. Weil aber diese selbst Gedächtnis ist, ist aus der Erkenntnis der Bewegung der Sprache auch die Rekonstruktion des Sinnes, also auch Übersetzung möglich. Da aber die Bewegung niemals still steht, Übersetzung sich aber aus dieser Bewegung heraus begründet, kann sie vor dem Ende der Geschichte nur fragmentarisch bleiben: »unvollkommene Annäherung« (ebd., S. 150), Station im Prozeß der Arbeit an der Sprache, im Kontinuum der Formen.

Goethe hat sich zum Übersetzungsproblem mehrfach geäußert. In den *Noten zum Divan* entwickelt er eine **Klassifikation der Übersetzungsarten**, die im Laufe der Geschichte des Problems immer wieder diskutiert worden ist und die einige Berührungspunkte mit den Theorien der Romantiker hat. Vergleichbar etwa mit der Hardenbergschen Klassifikation unterscheidet Goethe zwischen prosaischer und parodistischer Übersetzung und einer dritten, höchsten Art, der Goethe noch keinen Namen gibt, die aber auf eine Art höherer Interlinearversion hinausgeht. Diese dreigliedrige Systematik begründet sich aus der Art und Weise, wie sich die Übersetzung je zu bestimmten Aspekten des Originals verhält:

– Die **prosaische Übersetzung**, für die Luthers Bibel als Beispiel dienen kann, hebt die Eigentümlichkeiten des Originals auf und überrascht den Leser eher mit einem unbekannten Inhalt.
– Die **parodistische Übersetzung**, für die Wieland einsteht, fügt der Dimension des Inhalts die des Sinnes hinzu, gründet schon auf der Weise, in der poetischer Gehalt an die Form gebunden ist, ersetzt dieses Verhältnis jedoch durch ein Surrogat einheimischen Sinns.
– Die **dritte Art** schließlich, die es noch nicht gibt, deren Ahnung man nach Goethe jedoch bei Voß erhält, ist eine, die schließlich auch auf Identität jenes Verhältnisses ausgeht (vgl. *Noten*, Artemis Gedenkausg., S. 554-56, auch in *Störig 1973, S. 35-37).

Brisant daran ist nicht so sehr die Klassifikation selbst, als vielmehr, daß Goethe versucht, diese Übersetzungsarten zugleich als Zeitstufen innerhalb der Entwicklung einer nationalen Literatur, als Indikatoren für einen bestimmten Stand der Literaturentwicklung zu begründen. So scheint es zunächst, als versuche Goethe einen historisch fundierten Übersetzungsbegriff. Im Gegensatz zur romantischen Theorie geht jedoch Goethe nicht von einem auf ein Ziel zustrebenden Prozeß aus, sondern meint, daß sich jene drei Arten und Epochen der Übersetzung »wiederholen, umkehren«, sich »gleichzeitig ausüben lassen« (vgl. S. 556). Dies macht noch einmal darauf aufmerksam, daß für Goethe die Bewegung, die die Dichtarten wie die Übersetzungsarten vollziehen, ihrem Wesen nach nicht in der Sphäre der Geschichte, sondern in der Natur angesiedelt, als Apriorisches und Wiederkehrendes naturhaft vorgegeben sind. Übersetzung hat so für Goethe eine letztendlich dem Verstand nicht zugängliche Komponente der Beziehung auf das Urbild.

Literatur:

Beissner, Friedrich: *Hölderlins Übersetzungen aus dem Griechischen*, Stuttgart 1961.

Berman, Antoine: *L'épreuve de l'étranger. Culture et traduction dans l'Allemagne romantique*, Paris 1984.

Boyd, James: *Goethe und Shakespeare*, Köln/Opladen 1962.

Dahinten, Egon: *Studien zum Sprachstil der Iliasübertragungen Bürgers, Stolbergs und Voßens unter Berücksichtigung der Übersetzungstheorien des 18. Jahrhunderts*, Göttingen 1956.

Dierkes, Hans: *Literaturgeschichte als Kritik. Untersuchungen zur Theorie und Praxis von Friedrich Schlegels frühromantischer Literaturgeschichtsschreibung*, Tübingen 1980.

Gamillscheg, Ernst: Diderots »Neveu de Rameau« und die Goethe'sche Übersetzung. In: *Ausgewählte Aufsätze* 11, 1962.

Gebhardt, Peter: *A.W. Schlegels Shakespeare-Übersetzung. Untersuchungen zu seinem Übersetzungsverfahren am Beispiel des Hamlet*, Göttingen 1970.

Gsteiger, Manfred: »Queste parole di colore oscuros«. Zur deutschen Übersetzungsgeschichte der Divina Comedia. In: ders.: *Poesie und Kritik*, Bern/München 1967.

Gundolf, Friedrich: *Shakespeare und der deutsche Geist* [1911], Stuttgart 1959.

Häntzschel, Günter: *Johann Heinrich Voß. Seine Homer-Übersetzung als sprachschöpferische Leistung*, München 1977.

Huyssen, Andreas: *Die frühromantische Konzeption von Übersetzung und Aneignung. Studien zur frühromantischen Utopie einer deutschen Weltliteratur*, Zürich 1969.

Kahn, Ludwig: *Shakespeares Sonette in Deutschland*, Bern/Leipzig 1935.

Kurz, Gerhard: Die Originalität der Übersetzung. Zur Übersetzungstheorie um 1800. In: *Stadler 1996, S. 52-63.

Lohner, Edgar: *Studien zum westöstlichen Divan*, Darmstadt 1971.

Peter, Klaus: *Friedrich Schlegel*, Stuttgart 1978 (Slg. Metzler 171).

Suerbaum, Ulrich: Der deutsche Shakespeare. In: *Festschrift für Rudolf Stamm*, Bern/München 1969.

Szondi, Peter: *Antike und Moderne in der Ästhetik der Goethezeit*, Frankfurt a.M. 1974.

Wittmann, Reinhard (Hg.): *Weltliteratur in deutschen Übersetzungen aus dem Jahrhundert Goethes ca. 1750-1850*, Hamburg 1999.

Wolffheim, Hans: *Die Entdeckung Shakespeares. Deutsche Zeugnisse des 18. Jahrhunderts*, Hamburg 1959.

4. 19. Jahrhundert

Bereits bei Breitinger, Herder und den Romantikern hatte die Übersetzungstheorie ein philologisches Unterfutter. Im 19. Jahrhundert
spielt sich dann lange Zeit alle ernstzunehmende Reflexion des Übersetzungsproblems im philologischen Begriffsrahmen ab. Epochema-
chend ist hier **Friedrich Schleiermachers** 1813 verlesene Akademie-
Abhandlung *Ueber die verschiedenen Methoden des Uebersezens* (Sämtl.
Werke, 111/2, 1838, S. 207ff., auch in *Störig 1973, S. 38-70), die
das vielleicht meistdiskutierte Stück Theorie aus der Geschichte des
Problems ist. Trotz der Klarheit von Schleiermachers Sprache ist die
Abhandlung bis in die Gegenwart hinein immer wieder Mißver-
ständnissen ausgesetzt gewesen. Diese Mißverständnisse resultieren
vor allem daraus, daß Schleiermachers Aufsatz zu häufig als reine
Systematik mit logischen Ableitungen begriffen worden ist, während
Schleiermacher selbst die Geltung seiner Theorie auf bestimmte historische Situationen beschränkte. Es wurde zu häufig übersehen, daß
Schleiermacher neben einer **Methodologie der Übersetzung** zugleich
einen **geschichtsphilosophischen Entwurf** versucht.
    Das »eigentliche Übersetzen« im Gegensatz zu Dolmetschen, Nach-
bildung und Paraphrase, die Schleiermacher aus seiner Untersuchung
ausgrenzt, erscheint bei Schleiermacher als historische Notwendigkeit
einer bestimmten, deutschen Situation. Am Übersetzen entwickelt
Schleiermacher die Vision eines freien Deutschland, das als vereinigen-
de Kulturnation geistig wie geographisch die Mitte Europas bildet. In
dem Prozeß der Erreichung dieses Ziels ist Übersetzung, insbesondere
jene eine Methode, die die historisch gebotene ist, für Schleiermacher
nur ein Übergangsphänomen: Es sei, so Schleiermacher, denkbar, daß
Übersetzung eines Tages ihren »geschichtlichen Zweck« erreicht habe
und man ihrer weniger bedürfe (S. 244).
    Nur durch die Mißachtung des Schleiermacherschen Grundsatzes,
die Art der Übersetzung sei durch einen geschichtlichen Zweck und
eine geschichtliche Notwendigkeit gebunden, konnte es dazu kommen, daß die von Schleiermacher beschriebene Denkmöglichkeit
zweier Übersetzungsextreme als Alternative betrachtet werden konnte.
Im isolierten Zitat könnte das allerdings so scheinen: »Entweder der
Übersetzer läßt den Schriftsteller möglichst in Ruhe und bewegt den
Leser ihm entgegen; oder er läßt den Leser möglichst in Ruhe und
bewegt den Schriftsteller ihm entgegen« (S. 218). Die hermeneutische
und historische Analyse des Problems, die Schleiermacher leistet, läßt
jedoch am Ende die eine dieser beiden Denkmöglichkeiten als »Fiktion« erscheinen, die zudem historisch verfehlt erscheint.

Grundlage der Schleiermacherschen Übersetzungstheorie ist die
Überzeugung, »daß wesentlich und innerlich Gedanke und Ausdruck
ganz dasselbe sind«, und daß auf dieser Einsicht »die ganze Kunst alles
Verstehens der Rede, und also auch alles Uebersezens« (S. 232) be-
ruht. Ausdruck nun entsteht nach Schleiermacher je durch bestimmte
Verhältnisse von Rede zu Sprache. Jeder sich der höheren und freieren
Rede, wie sie in der Kunst vorliegt, bedienende Sprecher steht nach
Schleiermacher in einer dialektischen Beziehung zur Sprache: »Jeder
Mensch ist auf der einen Seite in der Gewalt der Sprache, die er redet;
er und sein ganzes Denken ist ein Erzeugnis derselben«. »Auf der an-
dern Seite aber bildet jeder freidenkende geistig selbstthätige Mensch
auch seinerseits die Sprache« (S. 213). Jedes Werk kann daher nur
verstanden und übersetzt werden, wenn es in dieser Dynamik, die das
Leben und Fortleben der Sprache bestimmt, aufgefaßt wird. Der ganze
Umfang des Wissens und des Erkennens in dieser Hinsicht steht nun
aber vorzüglich dem Philologen zu Gebote. Sein Ideal müßte es nun
sein, dem Leser in der Übersetzung dasselbe Verständnis zu vermitteln,
das er gewonnen hat. Beim Übergang vom Verständnis zur Übersetzung beginnen aber die eigentlichen Schwierigkeiten des Problems
überhaupt erst, und die Analyse dieser Schwierigkeiten bildet das
Kernstück der Abhandlung Schleiermachers.

Mit zwei Hauptargumenten führt Schleiermacher den Nachweis,
daß die nachahmend-wiedererschaffende Methode, diejenige, die den
Leser in Ruhe läßt, faktisch unmöglich und historisch unsinnig ist.
Erstens könne es aufgrund der wechselseitigen Bindung von Sprache
und Gedanken keine identische Gedankenreihe in zwei Sprachen und
Kulturen geben, geschweige denn ein identisches Werk und einen
identischen Menschen. Die Frage, wie ein Schriftsteller seine Werke in
einer anderen Sprache geschrieben hätte, erweist sich daher als sinnlos,
weil die Antwort nur sein könnte: Er hätte sie gar nicht geschrieben,
allenfalls andere. Ebensowenig aber kann es zweitens eine Identität der
Form geben, weil der historische Moment nicht dazugeliefert werden
kann. Ein und derselbe Satz einer höheren Rede füllt sich in jedem geschichtlichen Moment mit anderem Sinn. Daher hat Schleiermacher
für die nachahmende Übersetzungskonzeption am Ende nur noch
Ironie übrig:

»Ja was will man einwenden, wenn ein Uebersezer dem Leser sagt, Hier
bringe ich dir das Buch, wie der Mann es geschrieben haben würde, wenn er
es deutsch geschrieben haben würde; und der Leser ihm antwortet, Ich bin
dir eben so verbunden, als ob du mir des Mannes Bild gebracht hättest, wie
er aussehen würde, wenn seine Mutter ihn mit einem anderen Vater erzeugt
hätte?« (S. 238).

Ist also diese Methode ausgeschlossen, so bleiben bei der anderen noch genügend Probleme übrig. Schleiermacher sagt hier nicht mehr und nicht weniger, als daß das Ergebnis des Übersetzens immer nur eine Übersetzung sein kann, die einem Leser je bestimmte Aspekte nicht einmal des Originals, sondern des Verständnisses vermittelt. Möglich sind aber sehr verschiedene Stufen des Verständnisses und erst hier – nicht wie oft geschrieben worden ist, bei den beiden Grundmöglichkeiten der Übersetzung – schlägt Schleiermacher einen Mittelweg vor. Diesem Mittelweg entspricht das **Verständnis eines Kenners und Liebhabers**, »dem die fremde Sprache geläufig ist, aber doch immer fremde bleibt«, – der sich »immer der Verschiedenheit der Sprache von seiner Muttersprache bewußt bleibt« (S. 222). Der Übersetzer soll daher ein Verständnis vermitteln und sich in einer Sprachform äußern, der »die Spuren der Mühe aufgedrückt sind und das Gefühl des fremden beigemischt bleibt« (S. 222). Eine solche Übersetzung ist der Schleiermachersche Plato, eine vorsichtig gestaltende Form der Interlinearversion, die allen Nachdruck auf Verhältnisse und Strukturen legt und die Fremdheit in der deutschen Sprachform erkennen läßt. Von vielen Zeitgenossen als künstlich verlacht, wird sie noch heute aufgelegt und gelesen.

Mit seiner berühmten Abhandlung *Über die Verschiedenheit des menschlichen Sprachbaus und ihren Einfluß auf die geistige Entwicklung des Menschengeschlechts* von 1836 hat **Wilhelm von Humboldt** die Erkenntnisse über die Sprache, die in jener Epoche der Entdeckung der Geschichtlichkeit entstanden waren, zukunftsträchtig zusammengefaßt. Wie sehr auch bei ihm die **Sprachreflexion mit dem Übersetzungsproblem verbunden** war, zeigt sich in der sehr viel früheren Einleitung zu einer metrischen Übersetzung des *Agamemnon* (Aeschylos) von 1816, in der sich der Umriß seiner später ausgearbeiteten Sprachauffassung bereits erkennen läßt.

Humboldt geht hier davon aus, daß jedes Wort, in welcher Sprache auch immer, seinen ganz individuellen und unverwechselbaren Charakter hat. Kein Wort der einen Sprache ist daher einem in einer anderen Sprache vollkommen gleich. Daher geht Humboldt zunächst von einer Unmöglichkeit des Übersetzens im herkömmlichen Sinne aus, insbesondere rückt er die Werke der Antike zunächst in eine Ferne des Verständnisses: Der wahre Sinn bleibe immer in der Urschrift eingeschlossen. Aus der Aporie, daß Übersetzung mit Notwendigkeit etwas Anderes und Verschiedenes produziert, versucht Humboldt pragmatisch mit der Forderung nach »einfacher Treue« (Akademie-Ausgabe, Bd. 8, S. 132) herauszukommen. Diese Treue kann sich jedoch nicht auf das Original, sondern nur auf das vom Übersetzer gewonnene Bild des Originals beziehen, aber auch dieses kann, ja soll, in der Übersetzung als ein Fremdes erscheinen. **Das Fremde erfahrbar zu machen,** ist sogar der höchste Zweck der Übersetzung. Jedoch ist zwischen dem Fremden und der Fremdheit an sich zu unterscheiden: »Solange nicht die Fremdheit, sondern das Fremde gefühlt wird, hat die Übersetzung ihren höchsten Zweck erreicht; wo aber die Fremdheit an sich erscheint, und vielleicht gar das Fremde verdunkelt, da verräth der Übersetzer, daß er seinem Original nicht gewachsen ist« (ebd., S. 132).

Nun ist allerdings gerade Humboldts Aeschylos-Übersetzung der Vorwurf gemacht worden, dunkel und unverständlich zu sein. Dies rührt vor allem daher, daß Humboldt der Metrik und der Wortstellung des Originals bis an die Grenze des im Deutschen Möglichen und – vor allem bei den Chorliedern – oft über diese Grenze hinaus folgt. Vor allem glaubt Humboldt, dem Leser auch eine Aufmerksamkeit für Längen und Kürzen im Vers zumuten zu können, die im Deutschen zumindest in der Allgemeinsprache nicht realisiert werden. Zwar sind manche Züge von Humboldts Verfahrensweise auf mangelnde Kenntnis der metrischen Strukturen zurückzuführen, davon abgesehen aber hat Humboldt ein unmittelbares Verständnis bewußt nicht angestrebt. Seine Theorie des Fremden schlägt sich in der Übersetzung in Strukturen nieder, die den Leser dazu zwingen, sich mit dem Text auseinanderzusetzen, d.h. Humboldt versucht, den **Prozeß der Verständnisaneignung in der Übersetzung** abzubilden. Zumindest ein Teil der Mühe, die man bei der Lektüre des Originals hätte, bleibt auch dem Leser der Übersetzung nicht erspart. Man dürfe, so Humboldt, »nicht verlangen, dass das, was in der Ursprache erhaben, riesenhaft und ungewöhnlich ist, in der Uebertragung leicht und augenblicklich fasslich seyn sollte« (ebd., S. 133).

Im Zentrum der Werke Schlegels, Schleiermachers, Humboldts und der anderen bedeutenden Philologen des früheren 19. Jahrhunderts, sei's der textkritischen Richtung (Hermann), sei's der einer interdisziplinär ausgerichteten materialen Altertumskunde (Boeckh), stand die **Auffassung der Sprache als Bewegung, als Geschichte** und Erbschaft, als Bedingung der Möglichkeit der Freiheit, der Individuation und des Sozialen. Die Insistenz auf der Methodik des Verstehens zielte auf Herstellung von Identität, auf verstehenden Anteil des Individuums am Geschichtsprozeß. Im sprachlichen Ausdruck sollte der Wille des Subjekts erkannt werden, an der inneren Form der Sprache der Geist des Volkes. Jene Aufmerksamkeit, die für die klassischen Werke und ihre Übersetzungen verlangt wurde, basiert auf der Überzeugung, daß das Verständnis der sprachlichen Objektivationen im

Einklang mit den aktuellsten Tendenzen der Zeit steht und nicht etwa rückwärts gewandte Gelehrsamkeit impliziert.

Gerade in der Reflexion des Übersetzungsproblems bei den Philologen des früheren 19. Jahrhunderts zeigt sich die Verbindung von historischem Bewußtsein, politischer und kultureller Liberalität und Reflexion auf die Bedingungen des Verstehens besonders deutlich. Gegen die Mitte des Jahrhunderts kam diese Dynamik langsam zum Stillstand. Seit dem Scheitern der »Revolution« von 1848, endgültig dann in der Restaurationsepoche, verlor die Philologie zunehmend den Kontakt mit der gesellschaftlichen Wirklichkeit, ja mit der Sprachentwicklung selbst.

Mit dem Entstehen der Nationalphilologien erfuhr auch der Begriff der Nationalliteratur in den ersten Jahrzehnten des 19. Jahrhunderts eine entscheidende Wandlung, in der für die Beschäftigung mit Übersetzungen kein Raum mehr war. Im Gegensatz zur klassischen Philologie, in der Fragen der Übersetzung naturgemäß eine große Rolle spielten, fand das Studium früherer historischer Phasen der nationalen Literatur- und Sprachentwicklung ohne Berücksichtigung der Übersetzungsproblematik statt. Der Begriff der Nationalliteratur stand von Anfang an unter dem Vorzeichen einer konservativ-nationalistischen Haltung und verdrängte das in der Goethezeit entwickelte Konzept der Weltliteratur und seinen weltoffenen, liberalen Geist. G. Kurz beklagt in einem Abriß der Übersetzungstheorien um 1800 die Tatsache, daß das vor allem von den Literaturgeschichten von Gervinus (1835) und Mundt (1842) begründete nationalliterarische Paradigma mit seiner Konsequenz, Übersetzungen aus dem literarischen Kanon auszuschließen, bis heute nachwirke (vgl. Kurz in: *Stadler 1996, S. 61).

Bezeichnend für diese Entwicklung ist, daß der kenntnisreichste und meistbewunderte Philologe des späteren 19. Jahrhunderts, Ulrich von **Wilamowitz-Moellendorf**, gerade auf dem Gebiete der Übersetzung die Tradition fast vollständig verwirft und zu einem Übersetzungsbegriff zurückkehrt, über den man schon im 18. Jahrhundert hinausgelangt war. In seinem Aufsatz *Was ist übersetzen* von 1891 (*Reden und Vorträge*, 1925, S. 1-36; teilw. auch in *Störig 1973, S. 139-143) und in der Einleitung zu seinen Übertragungen griechischer Dramen wird Humboldt geradezu verhöhnt, Voß wird »Trivialität und Bombast« (ebd., S. 9) vorgeworfen, Schlegels Dante wird lächerlich gemacht und sogar der im übrigen verehrte Goethe wird für seine Übersetzungstheorie geschmäht, sowie für seinen »Vossischen Stil« in *Hermann und Dorothea*. Als hätte es Herder, Goethe, Schlegel, Schleiermacher und Humboldt nie gegeben, kehrt Wilamowitz im Kontext

der Übersetzung zu einer Sprachauffassung zurück, die vorphilologi-
schen Zeiten anzugehören schien:

>»Es gilt auch hier, den Buchstaben zu verachten und dem Geiste zu folgen,
nicht Wörter noch Sätze übersetzen, sondern Gedanken und Gefühle auf-
nehmen und wiedergeben. Das Kleid muß neu werden, sein Inhalt bleiben.
Jede rechte Übersetzung ist Travestie. Noch schärfer gesprochen, es bleibt die
Seele, aber sie wechselt den Leib: die wahre Übersetzung ist Metempsychose«
(ebd., S. 8).

Das Problem der Übersetzung wird in einen Stand zurückversetzt,
der fast 80 Jahre vorher Schleiermacher schon als naiv erschien: »Die
neuen Verse sollen auf ihre Leser dieselbe Wirkung tun wie die alten
zu ihrer Zeit auf ihr Volk und heute noch auf die, welche sich die
nöthige Mühe philologischer Arbeit gegeben haben« (ebd., S. 6). Ein
Jahrhundert der Arbeit an Differenzierungen des historischen Bewußtseins wird hier abgetan, ohne daß eine hermeneutische Argumentation
überhaupt für nötig erachtet würde.

Die Übersetzungen Wilamowitz' entsprechen dieser Theorie. Die
griechische Versstruktur wird bedenkenlos zu Blankversen oder geglät-
teten Phantasieformen aufgelöst, die Bildlichkeit verwandelt sich in
goetheähnliche Sentenzen, die Ausdrücke mythischen Götterglaubens
werden in christlich-bürgerliche Begriffe übersetzt, der Stil wechselt
zwischen altfränkischen und epigonal-klassizistischen Elementen wil-
helminischer Bürokratensprache.

Für **George** und seinen Kreis, etwa für den Literaturwissenschaftler
Friedrich Gundolf, repräsentierte die Antiken-Rezeption Wilamowitz'
eben jenen Stand von Stillosigkeit, Bürgerlichkeit und Banalität, der
auch die Literatur der Zeit kennzeichnete. Trotz ihres im Kern unhi-
storischen Geistbegriffs knüpfte Gundolfs Konzeption wieder an die
romantischen Erkenntnisse an, versuchte, das Prinzip der Dynamik
wieder in die Sprachauffassung zu bringen, das bei Wilamowitz ausdrücklich negiert wurde, da Wilamowitz die Sprache für genügend
ausgebildet hielt, so daß es gelte, den Stand zu bewahren. Dagegen
leitet sich Gundolfs Sprachauffassung in *Shakespeare und der deutsche
Geist* (1959) nicht zufällig aus dem Umkreis des Übersetzungsproblems ab:

»Die Sprache jedes Volkes enthält seine Vergangenheit und umschließt seine
Zukunft. Sie ist das Gefäß der allgemeinsten, ewigen Inhalte und zugleich
der Ausdruck der individuellen, nie wiederkehrenden Bewegungen des Au-
genblicks. Sie ist der in Worte gewandelte, bewußt gewordene Leib jedes
Menschen, darum vor allem das Symbol dafür, daß jeder Mensch das gesamte
All und seine Geschichte zur Voraussetzung hat, um gerade das einzige Indi-

viduum zu sein, das er ist. Und all das ist die Sprache der Bewegung. Nur als und durch Bewegung kann sie jede Gestalt verkörpern, versinnbildlichen. Ihre Wirklichkeit ist Bewegung, ihre Bedeutung Gestalt« (S. 304).

Diese Sätze kennzeichnen nicht nur die **Rückkehr zu einem dynamischen Sprachbegriff**, zur Erkenntnis der Dialektik des Alten und des Neuen, des Fremden und Eigenen, des Besonderen und des Allgemeinen, sondern sie sind auch Voraussetzung des eigenen Programms jener Jüngeren, die am Ende eines ›großen‹ Jahrhunderts ebensowohl Neues machen, als aber auch sich in einer Tradition geborgen wissen wollten. Es war gegen Ende des 19. Jahrhunderts viel weniger die Negation der Tradition, die künstlerische und wissenschaftliche Aufbruchstimmung signalisierte, sondern der Versuch, die Tradition selbst zu dynamisieren.

Bei dieser Sichtweise mußten allerdings viele Erscheinungen der zeitgenössischen Literatur, darunter die Übersetzungspraxis der Wilamowitz, Bodenstedt, Heyse und Geibel, jene florierenden Zweige des literarischen Importgeschäftes, auf scharfe Ablehnung stoßen. Bereits im Vorwort zu seiner Baudelaire-Übersetzung von 1891 bedient sich George eines doppelsinnigen Wortes (einführen), um seine eigene Intention dagegen zu stellen. Seine Übersetzung verdankt ihre Entstehung nicht »dem Wunsche einen fremdländischen Verfasser einzuführen, sondern der ursprünglichen reinen Freude am formen« (*Werke in 2 Bänden*, Bd. II, S. 233). Was die Übersetzung nach George wiedergeben soll, ist nicht Sinn oder gar Inhalt, sondern das Dichterische selbst, oder wie es in der Vorrede zu den Dante-Übersetzungen heißt: »ton bewegung gestalt: alles wodurch Dante für jedes in betracht kommende Volk (mithin auch für uns) am Anfang aller Neuen Dichtung steht« (Bd. II, S. 7). Nicht als Sinn- oder gar Meinungserfülltes überdauert nach George Sprache und Dichtung die Zeiten, sondern als Form, Bewegung und als Material. Gerade auch in seinen Übersetzungen behandelt George **Sprache als geschichtlich gewordenes Material** und zielt über das einzelne Kunstwerk hinaus auf die Veränderung der Sprache selbst.

Literatur:

Bachleitner, Norbert: »Übersetzungsfabriken«. Das deutsche Übersetzungswesen in der ersten Hälfte des 19. Jahrhunderts. In: *Internationales Archiv für Sozialgeschichte der deutschen Literatur* 14, Tübingen 1989, S. 1-49.
ders. (Hg.): *Quellen zur Rezeption des englischen und französischen Romans in Deutschland und Österreich im 19. Jahrhundert*, Tübingen 1990.
Bernofsky, Susan: Schleiermacher's Translation Theory and Varieties of Fo-

reignization. A.W. Schlegel versus J.H. Voß. In: *The Translator* 2 (1997) Manchester, S. 175-192.

Fingerhut, Margret: *Racine in deutschen Übersetzungen des 19. und 20. Jahrhunderts*, Bonn 1970.

Flashar, H. et al. (Hg.): *Philologie und Hermeneutik im 19. Jahrhundert*, Göttingen 1979.

Frank, Manfred: *Das individuelle Allgemeine. Textstrukturierung und Interpretation nach Schleiermacher*, Frankfurt a.M. 1977.

Fuhrmann, Manfred: *Die Antike und ihre Vermittler*, Konstanz 1969; Lagiroday, Veronique: *Die Übersetzertätigkeit des Münchener Dichter-Kreises*, Wiesbaden 1978.

Marx, Olga: *Stefan George in seinen Übertragungen englischer Dichtung*, Amsterdam 1967.

Melenk, Margot: *Die Baudelaire-Übersetzung Stefan Georges*, München 1974.

Michel, Gerd: *Die Dante-Übertragungen Stefan Georges*, München 1967.

Schneider, Michael: Zwischen Verfremdung und Einbürgerung. Zu einer Grundfrage der Übersetzungstheorie und ihrer Geschichte. In: *Germanisch-Romanische Monatshefte* 66 (1985), S. 1-12.

Vermeer, Hans-J.: *Skizzen zu einer Geschichte der Translation*, Heidelberg 1992ff.

Wilamowitz-Moellendorf, Ulrich v.: *Geschichte der Philologie*, Leipzig 1921.

Zeller, Bernhard (Hg.): *Weltliteratur – Die Lust am Übersetzen im Jahrhundert Goethes* (Ausstellung und Katalog: Tghart R. et al. (Hg.): Marbacher Katalog 37), Marbach 1982.

5.   20. Jahrhundert

Der Ansatz Georges ist im 20. Jahrhundert in zwei Konzeptionen weitergeführt, ja radikalisiert worden, die sich so weit vom herkömmlichen Begriff der Übersetzung entfernt haben, daß ihnen das Verständnis sehr weitgehend versagt geblieben ist. **Rudolf Borchardts Übersetzungsprogramm** kristallisierte sich schon sehr früh heraus und profilierte sich zunächst im Widerstand gegen Wilamowitz, den Borchardt für seine Kenntnisse bewunderte, für die Umsetzung dieser Kenntnisse aber kritisierte. Bereits in dem 1905 erschienenen *Gespräch über Formen* (Borchardt, Nachdr. 1987), einer Übersetzungstheorie *in nuce*, heißt es mit deutlicher Kritik an Wilamowitz:

»Ich bin so hochmütig, Äschylos eben nicht klarer zu wollen, als er sich selber gewollt hat, auch Pindar nicht, auch Swinburne und George nicht. Ich bin zu blöde, dem ungeheuren Gesicht eine falsche scheinhafte Deutlichkeit anzuwünschen [...] es kommt auf den ›Sinn‹ nicht an; es kommt nicht an auf das., was bleibt, wenn die Formen zerbrochen sind. Die Formen als freie

Erscheinung wollen als das, was sie sind, nicht als das, wozu sie angeblich dienen, ergriffen sein, und wer überhaupt reich genug ist, sie zu erleben, wird sie
so erleben, wie kein anderer vor ihm und nach ihm es kann« (S. 34).

In dem Aufsatz *Dante und deutscher Dante* von 1908 gibt Borchardt
dann seinem Ansatz eine umfassende Auseinandersetzung mit der Tradition der literarischen Übersetzung bis zu George bei. Übersetzung
wird hier und im weiteren immer stärker ein umfassendes **Programm
der Sprachschöpfung** aus dem Motiv der Bewegung heraus, die historische Versteinerungen aufheben und darin ihre sozialen und politischen
Veränderungskräfte entfalten soll. Borchardts Übersetzungsprogramm
deckt sich mit dem allerdings umfassenderen einer »schöpferischen
Restauration«, die nichts weniger als die Restitution eines Ganzen
zu ihrem Ziel hatte. Gerade um aber diese Restauration zu erreichen,
mußte nach Borchardts Meinung die versteinerte, zersplitterte und
banale Sprachform des späten 19. Jahrhunderts zerschlagen, durchbrochen, revolutionär behandelt werden. Die Übersetzung wird hier
zu einer universalen Strategie der Grenzauflösung, zum Träger einer
Erneuerung und Weiterentwicklung der deutschen Literatur.

Einer der Wegbereiter des produktiven Rückgriffs auf den knapp
hundert Jahre zuvor erarbeiteten Stand der literaturtheoretischen und
poetologischen Reflexionen über das Problem des Übersetzens war
Norbert von Hellingrath. An seiner Untersuchung der Pindar-Über-
tragungen Hölderlins entwickelte er den zentralen übersetzungstheoretischen Aspekt der Auseinandersetzungen zwischen dem George-
Kreis und Wilamowitz einerseits, zwischen Karl Kraus und George
andererseits. Die deutsche Sprache habe sich, so Hellingrath, vor allem
in den Übersetzungen antiker Autoren »mit einer gewissen vorausver-
ständlichen logik durchtränkt«, weshalb es uns zunehmend schwerer
fällt, »einzusehen, wie dunkel die klassischen texte sind«. Selten gibt
es Übersetzungen, die »der dunklen sinnlichkeit des griechischen« zu
entsprechen versuchen, indem sie vor allem Rücksicht nehmen auf
»die art der wortstellung/der spannung und verschlingung im syntak-
tischen« (Hellingrath 1911, S. 22).

Eben dies habe Hölderlin in seiner Übersetzung der Oden Pindars
versucht, weil es ihm weniger um den gedanklichen Inhalt der Originale gegangen sei, als darum, deren »kunstcharakter« zu erhalten. Dies
bezeichnet Hellingrath als die eigentliche Aufgabe des Übersetzers,
und er widerspricht dieser Aufgabe, »wenn er seiner gedankenarbeit
logische und inhaltliche zusammenhänge des originals aufzudecken
platz gewährt im texte seiner übertragung/der vielmehr die gleiche gedankenarbeit wie die vorlage dem hörer zumuten muss« (ebd., S. 4f.).

Übereinstimmend betonen um die Jahrhundertwende Dichter und
Schriftsteller, die beeinflußt waren durch die von den Entwicklungen
in Deutschland stark unterschiedene symbolistische Dichtung und
sich nicht zufällig auch einer umfangreichen Übersetzungstätigkeit
widmen, das eigentlich Ästhetische poetischer und literarischer Werke
sei ihr Geformtsein. Denn der sprachkritische und spracherneuernde
Impuls der zeitgenössischen Dichtung, ihre immanente Reflexivität,
mit der sie das Nachdenken über ihre sprachlichen Mittel in ihr Form-
gesetz hineinnimmt, nähert sie der Arbeit des Übersetzens. Die in
sentenziöser Formelhaftigkeit erstarrte deutsche Literatursprache kann
daher auch durch Übersetzungen der Klassiker wiederbelebt werden,
wenn diese nicht mehr, wie es bei George heißt, »als stütze einer meinung – einer weltanschauung« (*Werke*, Bd. I, S. 531), sondern unter
dem Gesichtspunkt ihrer Formen verstanden und übersetzt werden.
Als **Gestaltungsprozeß** rücken Dichtung und Übersetzung wieder eng
zusammen. Keinen anderen Antrieb als den, aus dem Willen zur Gestaltung ein eigenes Kunstwerk zu schaffen, läßt Borchardt als Motiv
des Übersetzens gelten.

Auf ganz anderen Wegen als Borchardt gelangt **Walter Benjamin**
zu vergleichbaren Vorstellungen. Seine Übersetzungstheorie in dem
Aufsatz *Die Aufgabe des Übersetzers* (1923), der Vorrede zu seinen
Übersetzungen der *Tableaux Parisiens* von Baudelaire, begreift den
Gedanken der Sprachbewegung als »Sehnsucht nach Sprachergänzung«, als Erlösungsgedanken. Benjamin vermißte philosophische
Vorarbeiten auf dem Gebiete der Übersetzungstheorie, jedoch wird
trotz der etwas verrätselten Sprache des Textes deutlich, daß Benjamin
sowohl frühromantische wie Goethesche Motive in seiner Theorie
verschmilzt. Als übersetzungspraktische Beispiele hat Benjamin of-
fensichtlich sehr radikale Verfahrensweisen, etwa die Übersetzungen
Hölderlins und Georges im Auge.

Gemäß der eschatologischen Ausrichtung seiner Theorie, nach der
aus jeder Übersetzung jene **Sehnsucht nach Sprachergänzung** sprechen soll, betont Benjamin den zeitlich-dynamischen Charakter der
Übersetzung: auch die größte sei dazu bestimmt, »in das Wachstum
ihrer Sprache ein-, in der erneuten unterzugehen« (*Gesammelte Schriften* IV.1, S. 13). Innerhalb dieser dynamischen Auffassung wird auch
der **Begriff der »Übersetzbarkeit«** (vgl. S. 11) neu bestimmt. Er meint
nicht mehr die pragmatische Frage, ob von einem Werk eine angemessene Übersetzung hergestellt werden kann, sondern Übersetzbarkeit
bedeutet ein historisches Stadium im Fortleben des Werks. Sie kommt
daher dem Werk im Laufe seiner Geschichte in je verschiedenem Gra-
de zu. Das Verhältnis von Original und Übersetzung begründet Ben-

amin – wie die Verwandtschaft der Sprachen überhaupt – im Begriff der »unsinnlichen Ähnlichkeit«, deren Grund im innersten Verhältnis der Sprachen zueinander zu suchen ist. Übersetzung richtet sich nach Benjamin weder auf den Inhalt noch auf die Form des Originals, sondern sie macht dessen »Art des Meinens« (S. 14) zu ihrem Gemeinten. Daher steht die Übersetzung zum Original nicht im Verhältnis einer Ersetzung, sondern sie ist dessen Ergänzung im Sprachprozeß, lebt aus der Hoffnung, daß dereinst sich die Einheit der einen, wahren, reinen Sprache wiederherstellen läßt. Dies ist ein im Kern mystischer Gedanke, wie überhaupt die Benjaminsche Übersetzungstheorie Motive mystischer Sprachreflexion verarbeitet.

Trotz des esoterischen Charakters der kleinen Schrift enthält sie durchaus technische Bemerkungen zum Problem der Übersetzung, die einen Bezug auf Benjamins eigene Übersetzungen, in Maßen sogar eine praktische Überprüfbarkeit der Theorie erlauben. Dazu gehört vor allem die Forderung nach »Wörtlichkeit der Syntax« (S. 18), die, so Benjamin in einem geglückten Bild, die »Arkade« vor dem Original sei. Syntax ist hier in einer erweiterten Bedeutung gebraucht. Es bezeichnet die Konstellation eines je in einem Werk Zusammengeordneten, das unter einem bestimmten historischen Blickwinkel durch die »Arkade« der Form der Übersetzung wahrgenommen, aber auch eingegrenzt wird und in jeder neuen Übersetzung gleichsam entziffert, dechiffriert werden kann.

Entsprechend wird in jeder von Benjamins **Baudelaire-Übersetzungen** deutlich, ja explizit, daß zwischen Original und Übersetzung Zeit vergangen ist, daß sich die historische Konstellation verändert hat. Der Standpunkt der Übersetzungen ist dabei der eines »Eingedenkens«, d.h. das Original wird in der Übersetzung nurmehr erinnert als Unwiederbringliches und Unwiederholbares. Nicht das Werk erscheint in der Übersetzung, sondern das, was zu einem bestimmten historischen Zeitpunkt der reflektierten, sprachlich verarbeiteten Erinnerung eines bestimmten Übersetzers zugänglich ist.

Mit Ausnahme des Schleiermacherschen Aufsatzes ist keinem anderen Beitrag zur Theorie der Übersetzung ein so lebhaftes Nachleben vergönnt gewesen, wie Benjamins *Die Aufgabe des Übersetzers*. Allerdings sollte es über fünfzig Jahre dauern, bis die 1923 erschienene Schrift von einigen wenigen Übersetzungstheoretikern wahrgenommen wurde, um später in den Mittelpunkt einer sprachphilosophisch motivierten Diskussion zu rücken (vgl. Kap. IV.4).

Die vielleicht letzte engagierte und emphatische Auseinandersetzung mit dem Übersetzungsproblem aus dem Umkreis der Philologie findet sich in **Karl Vosslers** *Geist und Kultur der Sprache* von 1925.

Im letzten Kapitel des Buches untersucht Vossler die Funktion der Übersetzung für die »Sprachgemeinschaft« und kommt dabei zu einer These, die mit dem Hauptmotiv Steiners vergleichbar ist. Übersetzung habe nämlich zuletzt die »Wahrung der Autonomie des Sprachgeschmackes« einer Sprachgemeinschaft zum Zweck, sie geschehe gleichsam »im Auftrag des Selbsterhaltungstriebes einer Sprachgemeinschaft« (S. 194). Habe man einmal eingesehen, daß keine einzelne Sprache ein Recht vor anderen habe, so entstehe die Situation, daß sich jede Sprache durch die andere bedroht fühlen müsse. Übersetzung sei hier die bewußte Form der Vermittlung (vgl. S. 195), gleichsam eine Art der sprachlichen Friedenspolitik. Über diese internationale **soziale Notwendigkeit des Übersetzens** hinaus aber gibt es jenseits einer Ökonomie der Kräfte eine Form des Übersetzens, die Vossler etwa bei Borchardt gegeben sieht, in der die »Entfaltung des Sprachgeschmacks« Selbstzweck wird (vgl. S. 196).

Vossler sieht hier einen »ästhetischen Imperialismus« (S. 199) am Werk, dem sich das Fremde entgegensetze, die fremde Form zerbreche, um sich selbst, d.h. die eigene Sprache zu bereichern. Gerade dies aber führt nicht zur Geringschätzung der anderen Sprache und Kultur, vielmehr bedingt die Sicherung der eigenen Sprachautonomie notwendig die Anerkennung des Rechts der anderen. Dies vollzieht sich nach Vossler je innerhalb von mannigfaltigen, unabgeschlossenen historischen Prozessen. Auch nach Vossler gibt es daher keine ein für alle Mal gültige Form der Übersetzung, sondern nur je sich kristallisierende Konstellationen, die vom jeweiligen Stand der Sprach- und Literaturgeschichte und der Geschichte überhaupt bedingt werden.

Die Theorie, die **Wolfgang Schadewaldt** in *Das Problem des Übersetzens* von 1927 entworfen hat, faßt den Erkenntnisstand der Zeit aus der Sicht des Philologen zusammen, widerlegt dabei schlagend die unausrottbaren Gemeinplätze der Übersetzungstheorie, kommt jedoch über den berechtigten Widerstand gegen die Festschreibung von Regeln kaum hinaus. Wegweisend ist allerdings Schadewaldts Versuch, den **Begriff der Treue** zu dynamisieren und damit für die Übersetzungstheorie zu retten. Treue erscheint bei Schadewaldt als eine Art regulativer Idee, die das Motiv des Übersetzens bildet. Treue ist etwas an sich Unerreichbares und existiert praktisch nur als Streben nach Treue und äußert sich je historisch verschieden (Schadewaldt [2]1970, vgl. S. 532ff.).

Literatur:

Borchardt, Rudolf: *Das Gespräch über Formen und Platons Lysis deutsch*, Nachdr. Stuttgart 1987.

Grauemeyer, Horst: *Untersuchungen zur Geschichte der deutschen Vergilübertragung unter besonderer Berücksichtigung R.A. Schröders*, Hamburg 1963.

Hellingrath, Norbert v.: *Pindarübertragungen von Hölderlin. Prolegomena zu einer Erstausgabe*, Jena 1911.

Hohoff, Curt: R. Borchardt als Übersetzer. In: *Merkur* 14 (1960)

Kleiner, Barbara: *Sprache und Entfremdung. Die Proust-Übersetzungen Walter Benjamins innerhalb seiner Sprach- und Übersetzungstheorie*, Bonn 1980.

Schadewaldt, Wolfgang: Das Problem des Übersetzens. In: *Die Antike*, Bd. III., Heft 3 (1927), S. 287-303; auch bei: *Störig 1973, S. 223-241.

Ders.: *Hellas und Hesperien*, 2 Bde. hg. v. Thurow R./Zinn E., Zürich ²1970.

Schumacher, Klaus: Das Textparadies als Autorenhölle. Dante-Lektionen deutscher Dichter. In: *Arcadia* 31 (1996), S. 254-272.

Wolfheim, Hans: *Geist der Poesie. R. Borchardt, R.A. Schröder*, Hamburg 1958.

5. Zur gegenwärtigen Diskussion

Es leuchtet unmittelbar ein, daß der Nationalsozialismus und die damit verbundenen Veränderungen des geistigen Klimas der Entwicklung des Übersetzungsproblems nicht förderlich sein konnten, jedenfalls was die literarische Öffentlichkeit anlangt. Da sich die linientreue Geisteswissenschaft nun den völkischen Fragen zuwandte, verschwand das Thema aus den Publikationen. Aber auch nach dem Krieg wurde es nur zögernd wiederaufgenommen. Zunächst in einer Weiterführung und Wiederanknüpfung an das vorher Diskutierte – Schadewaldt führte seine Überlegungen weiter (Schadewaldt, 1960), Schröder, Rosenzweig und Buber wurden diskutiert – dann unter Einbeziehung von älteren und neueren Theorien des Auslands (Valéry, Ortega y Gasset, Cary u.a.). Erst in den 60er Jahren gab es dann einen ungeheuren **Aufschwung in der Diskussion,** der neben vielen Sammelbänden und linguistischen Beiträgen zu den ersten Arbeiten zum Übersetzungsproblem von Seiten der Literaturwissenschaft führte, die in den späteren 50er Jahren entstanden. Trotz vieler Verdienste dieser Arbeiten fällt im Überblick auf, daß keine einen selbständigen, aktualisierenden und engagierten Theorieansatz macht. Dieser entstand erst in den späten 70er und den 80er Jahren mit den kommunikationstheoretischen Entwürfen der linguistischen Schule und den historisch-deskriptiven Studien des Göttinger Sonderforschungsbereichs.

Ein merkwürdiges Faktum ist, daß der erste internationale Kongreß literarischer Übersetzer im klassischen Land des Übersetzens erst 1965 (in Hamburg) stattfand. Eine Zeitschrift des Übersetzerverbandes (VdÜ) gibt es ebenfalls erst ab 1966 (*Der Übersetzer*, seit 1997 erscheint sie vierteljährlich unter dem Titel *Übersetzen*). Wenngleich für solche Verspätung viele Faktoren verantwortlich sein mögen, so zeigt es doch ein Kommunikationsdefizit und einen Bruch in der Tradition der Diskussion des Problems.

Für eine Belebung der Diskussion und die Grundzüge eines Neuansatzes sorgten 1967 die beiden Themenhefte von *Sprache im technischen Zeitalter* zum Übersetzen, insbesondere mit den leider knapp gehaltenen Beiträgen von Reichert und Kemp, die wegen der engen Verbindung von Theorie und Praxis sehr ernst genommen werden müssen. Ähnlich hat später Hans Magnus Enzensberger aus der eigenen übersetzerischen Praxis heraus überzeugend versucht, das Problem jenseits der Standardfragen theoretisch zu beleuchten. Im Nachwort zu seiner Molière-Übersetzung (*Der Menschenfeind*, 1979) postuliert er die »Entbehrlichkeit des Historismus« (S. 110) in der Übersetzung. Gerade anhand Molières sei eine unverminderte Aktualität von Darstellungsstrukturen ersichtlich; die »middle class« sei sich dreihundert Jahre lang »auf wahrhaft niederschmetternde Weise gleich geblieben« (S. 110). Daher versucht Enzensberger, dieses fortdauernde Bewußtsein in streng an den Versen des Originals gehaltener **Übertragung in heutigen Sprachformen** vorzuzeigen. Wichtig ist daran, daß Enzensberger zeigen konnte, daß ein solches Verfahren nicht zur Verfremdung (im Theatersinne) zu führen braucht, sondern daß – wie er sagt – damit gerade eine »Natürlichkeit (nämlich die der zweiten, der gesellschaftlichen Natur)« (S. 109) wiederhergestellt werden kann. Hier deutet sich durchaus ein Lösungsansatz an, mit dem aus den falschen Alternativen der Übersetzungstheorie, die sich mit großer Zähigkeit als normative Kriterien halten, produktiv herauszukommen wäre.

Zunächst zeitigte der in *Sprache im technischen Zeitalter* unternommene Versuch, die Diskussion neu zu beleben, nicht die erwünschten Folgen, sie wurde möglicherweise auch von der Masse der wissenschaftlichen Beiträge erdrückt. Die »abstruse Übertheoretisierung« (Huntemann) der deutschen Übersetzungswissenschaft, deren universalistische Prämissen und szientistische Methoden auch von Vertretern der Translation Studies kritisiert wurden (vgl. Gentzler 2001, S. 60), hat in den 80er Jahren zu einer von der Zunft selber beklagten Kluft zwischen Theoretikern und Praktikern geführt.

Eine forschungsgeschichtlich wichtige Rolle spielten neben den Bänden der *Göttinger Beiträge*, in denen sich die Komplexität des Übersetzungsproblems in einer Fülle theoretischer Überlegungen und empirischer Untersuchungen spiegelt, auch die der Übersetzung gewidmeten Bände oder Abschnitte des *Jahrbuchs für internationale*

Germanistik (XXI, Heft 2/1989; XXII, Heft 1/1990; XXIII, Heft 1/1991) und die Beiträge in den Kongreßberichten der Gesellschaft für interkulturelle Germanistik. Bei den meisten Beiträgen handelt es sich indessen um die **Diskussion von Einzelproblemen**, wie etwa die Prosaübersetzung von Gedichten oder die Frage, ob die literarische Übersetzung eine Gattung sei. Größere Zusammenhänge werden dagegen von Überlegungen zu grundsätzlichen Problemen beleuchtet, z.B. der Übersetzungsproblematik bei Bühnenstücken, der Rolle der Übersetzung im kulturellen Austausch oder der Frage, ob man von einer generellen Übersetzbarkeit oder Unübersetzbarkeit auszugehen habe (vgl. **Koller** 2001, S.159-188). An dieser fundamentalen sprachtheoretischen Weichenstellung scheiden sich nämlich universalistische und relativistische Positionen in der Übersetzungstheorie.

Eine radikal relativistische Prämisse, nämlich die unaufhebbare Verschiedenheit zwischen den Sprachen ist der Ausgangspunkt des bereits erwähnten **dekonstruktivistischen Ansatz**, der sich in den 80er Jahren um J. Derridas und P. de Mans Exegese des Übersetzeraufsatzes von Benjamin entwickelte. Benjamins Gedanke von der Übersetzung als »Fortleben« des Originals wird in mehrfacher Hinsicht weitergeführt: Erst durch Übersetzung entfaltet sich die Bedeutung der Werke, sie ist Interpretation, wie umgekehrt jede kritische Lektüre eine »Übersetzung« ist. Derrida dehnt den Übersetzungsbegriff metaphorisch noch weiter aus, indem er »Übersetzung« schon in jedem Text und jeder einzelnen Sprache stattfinden läßt. Gemeint ist die Differenz zwischen den sprachlichen Zeichen, ihr unablässiges Aufeinander-Verweisen, durch das Bedeutung entsteht, die als Differenz jedoch niemals positiv repräsentierbar ist. Diese Differenz *in* jeder Sprache geht der Differenz *zwischen* den Sprachen voraus. Übersetzung im eigentlichen Sinne kann daher niemals als Übertragung von Sinn oder Bedeutung verstanden werden. Übersetzbar ist nicht, *was*, sondern nur *wie* ein Text bedeutet. Derrida bezeichnet die zwischensprachliche Übersetzung daher auch als »regulated transformation«.

Zwar bergen die dekonstruktivistischen Reflexionen, die Benjamins metaphernreicher Aufsatz ausgelöst hat, einige anregende, subtile Beobachtungen, wie z.B. Paul de Mans Reflexionen über die »De-kanonisierung« des Originals, seine Entstellung und Profanisierung durch die Übersetzung, ein Gedanke, der sich auch bei Steiner findet und von Übersetzern wahrscheinlich bestätigt werden könnte (vgl. de Man, in: *Hirsch 1997, S. 197). Im übrigen gibt es in einer Arbeit Derridas über Celan (1986) auch ganz handfeste übersetzungspraktische Überlegungen zum Problem der Übersetzung mehrsprachiger Gedichte. Doch insgesamt wurde dieser Ansatz bis heute wahrscheinlich wegen

des hohen Abstraktionsgrades und seines vorwiegend sprachphiloso-
phischen Interesses von der Übersetzungsforschung kaum rezipiert.
Allenfalls läßt sich in der beobachtbaren Tendenz, in Übersetzungen das kulturell Fremde nicht mehr gewaltsam einzubürgern, eine
Übereinstimmung mit dem gewandelten Begriff von übersetzerischer
›Treue‹ feststellen, die von dekonstruktivistischer Seite als »Verantwor-
tung für die Unberührbarkeit und Fremdheit der anderen Sprache und
des fremden Textes« definiert wird und sich in einer Praxis äußert, bei
der die Übersetzer »den Text der eigenen Sprache nachhaltig mit der
Fremdheit und Idiomatizität der anderen Sprache vernetzen« (*Hirsch
1997, S. 420).

Mit solcherart **veränderten Verfahren der Übersetzung** im Rahmen
eines zum ›Intertext‹ erweiterten Textbegriffs hat sich in der deutschen
Übersetzungstheorie vor allem H. Turk (1991) unter Bezugnahme sowohl auf dekonstruktivistische Beiträge als auch auf Vertreter der Translation Studies beschäftigt. Leider sind gerade diese anspruchsvollen
theoretischen Arbeiten aus dem deutschsprachigen Raum von der angelsächsischen Übersetzungsforschung nicht wahrgenommen worden.

In den letzten Jahren erschienen vermehrt Sammelbände mit
essayistischen Arbeiten zum Thema Übersetzung, die das Thema freilich fast immer nur an einem Ausschnitt beleuchten (vgl. u.a. *Meyer
1990, *Stadler 1996). Eine umfassendere Darstellung der Geschichte,
Theorie und kulturellen Wirkung der literarischen Übersetzung bot
zuletzt J. *Albrecht (1998). Vor allem aber die Übersetzer selbst haben sich, wie um dem 1991 ausgerufenen »**translator's turn**« Folge
zu leisten, seither mit einer Fülle von Beiträgen zu Wort gemeldet.
Während der theoretische Ertrag mancher Texte sich in einer spekulativen Metaphorik der Übersetzerrolle und des Übersetzungsbegriffs
erschöpft, legen andere Übersetzer genauer Rechenschaft über ihre
Arbeit ab. Es zeugt von einem gewandelten Verständnis ihrer Arbeit,
einem gewachsenen Qualitätsbewußtsein und einem **Bemühen um
Professionalisierung**, wenn die Übersetzer zunehmend bereit sind,
miteinander über grundsätzliche Probleme zu diskutieren und die
Ergebnisse ihrer regelmäßigen Arbeitstreffen oder eigene Reflexionen
über ihre Verfahren zu veröffentlichen (vgl. Kap. VI. 2). Der einsam
arbeitende Übersetzer, der sich einer argumentativen Begründung
seiner Entscheidungen unter Berufung auf Sprachgefühl und Intuition verweigert, ist selten geworden. Eine besonders empfehlenswerte
Dokumentation einer solchen Übersetzerwerkstatt, die eine Fülle von
Anregungen für die Theorie enthält, ist der Sammelband mit Vor-
trägen, die auf der ersten Berliner Übersetzerwerkstatt 1993 gehalten
wurden (vgl. *Graf 1993).

Die Forderung nach überprüfbaren Kriterien schlägt sich vor allem in einer **größeren Genauigkeit der Übersetzungen** nieder. Der früher recht willkürliche Umgang mit dem Original, bei dem der Übersetzer als Interpret der Lektüreerwartungen seiner Leser auftrat, anstößige Stellen entschärfte oder strich, kulturspezifische Eigenheiten einbürgerte und sich unabhängig von der Stillage des Originals um ein gepflegtes, gehobenes Deutsch bemühte, ist verschwunden. Die illusionistische Norm, nach der Übersetzungen wie Originale wirken müssen, wird zwar nur gelegentlich von bewußt verfremdenden Übersetzungen durchbrochen. Doch eine perfekte Nachahmung strebt heute keiner mehr an. Ein ausgeprägtes **Bewußtsein für kulturelle und sprachliche Differenzen** sorgt dafür, daß Übersetzungen »durchscheinender« werden, die fremden Kulturalia und Realia des Originals bewahren. Freilich verlangen diese Verfahren sprachliche Sensibilität, und nicht zufällig wehren sich gerade Übersetzer aus dem Englischen gegen die schleichende Anglisierung der Sprachen.

In der Übersetzung ›durchscheinen‹ dürfen heute vermehrt auch stilistische Besonderheiten des Originals, Neologismen oder ungewöhnliche syntaktische Strukturen, die die Übersetzer früher häufig vergeblich gegen ein glättendes Lektorat zu verteidigen versuchten. Günter Grass fordert seine Übersetzer, mit denen er regelmäßig zusammenarbeitet, sogar ausdrücklich auf, wie er selber gegen den normierten Sprachgebrauch zu verstoßen, nicht der »Lesbarkeit« zu opfern, was er seinen deutschen Lesern selber zugemutet habe (vgl. Frielinghaus 2002, S. 31). Auf die Zusammenarbeit zwischen Autor, Übersetzer und Lektor im Entstehungsprozeß einer Übersetzung hat die größere öffentliche Aufmerksamkeit, die die Medien dem Phänomen inzwischen zubilligen, ein Licht geworfen. Die Tatsache der Übersetzung ist ins Bewußtsein des Lesepublikums gerückt: Bei Lesungen sitzt der Übersetzer heute oft gleichberechtigt neben dem Autor und beantwortet Fragen zu seiner Arbeitsweise. Der Übersetzungstheorie wäre zu empfehlen, gemeinsam mit den Übersetzern, die heute weit mehr über ihre Verfahren reflektieren als noch vor zwanzig Jahren, einen aus der Übersetzungspraxis entwickelten Ansatz zu erarbeiten.

Literatur:

Werkstattberichte:

Braem, Helmut (Hg.): *Übersetzer-Werkstatt*, München 1979.
Enzensberger, Hans Magnus: Über die Schwierigkeit und das Vergnügen, Molière zu übersetzen. In: *Der Menschenfeind*, Frankfurt a.M. 1979.

Frielinghaus, Helmut (Hg.): *Der Butt spricht viele Sprachen. Grass-Übersetzer erzählen*, Göttingen 2002.

Gschwend, Ragni Maria (Hg.): *Der schiefe Turm von Babel. Geschichten vom Übersetzen, Dolmetschen und Verstehen*, Straelener Manuskripte Verlag 2000.

Hamburger, Michael: Hölderlin – Übersetzen. In: *Flugasche* 1 (1994) S. 14-18.

Meyer-Clason, Curt: Aus der Schule des Übersetzens. In: 0 + 20. *Almanach der Nymphenburger Verlagshandlung 1946-1966*, München 1966.

Walz M./Bittel K.H.: Kastor, Pollux und die Kalydonische Eberjagd. Ein Werkstattbericht über eine anspruchsvolle Übersetzung. In: *Neue Züricher Zeitung*, 18.5.2002.

Wollschläger, Hans: Rätsel Ulysses – Gedanken eines Übersetzers. In: *Neue Zürcher Zeitung*, 29.1.1982.

Einzelabhandlungen:

Karl Dedecius: Das fragwürdige Geschäft des Übersetzens. In: SprtZ 21 (1967), S. 26-44.

Helbling Hanno: Deutsch dichten? In: *Poetica* 22 (1990), S. 155-159.

Huntemann Willi: Rezension: R. Stolze, Übersetzungstheorien. Eine Einführung, Tübingen 1994. In: LS 4 (1996), S. 163-165.

ders.: Unübersetzbarkeit- Vom Nutzen und Nachteil eines Topos. In: *Jahrbuch für internationale Germanistik* 1 (1992), S. 104-122.

Lorenz, Sabine: Literaturberichte zur Übersetzungstheorie: Dekonstruktivistischer Ansatz. In: *Jahrbuch für internationale Germanistik* 2 (1989), S. 139-145.

Reichert, Klaus: Zur Übersetzbarkeit von Kulturen – Appropriation, Assimilation oder ein Drittes? In: SprtZ 32 (1994), S. 1-16.

Schadewaldt, Wolfgang: Die Wiedergewinnung antiker Literatur auf dem Wege der nachdichtenden Übersetzung. In: ders.: *Hellas und Hesperien*, Zürich/Stuttgart, 1960.

Steiner, George: Eine exakte Kunst. In: *Merkur* 1 (2000), S. 107-125.

Tophoven, Elmar: Möglichkeiten literarischer Übersetzung zwischen Institution und Formalisierung. In: Bracher, Karl-Dietrich (Hg.): *Der Mensch und seine Sprache*, Berlin 1979, S. 125-144.

Turk, Horst: The Question of Translatability: Benjamin, Quine, Derrida. In: GB 4, 1991, S. 120-130.

Allgemeinere Werke:

Derrida, Jacques: *Positionen*, Graz/Wien 1986.

ders.: *Schibboleth: Für Paul Celan*, Graz/Wien 1986.

Hart-Nibbrig, Cristiaan (Hg.): *Übersetzen: Walter Benjamin*, Frankfurt a.M. 2001.

V. Hinweise zu einer Geschichte der literarischen Übersetzung in Deutschland seit dem 18. Jahrhundert

Die Geschichte der neuhochdeutschen Sprache und Literatur hat mit einer großen Übersetzung (der Luther-Bibel) begonnen, und auch im folgenden waren es immer wieder Übersetzungen, die neue Entwicklungen einleiteten. Dennoch wurde erst, wie schon ausgeführt, in der Mitte der 80er Jahre mit den Arbeiten zu einer Wirkungs- und Kulturgeschichte der literarischen Übersetzung ins Deutsche begonnen. Die empirischen Studien des Göttinger SFB sind zwar z.T. breit angelegt, erfassen zum Beispiel Übersetzungen in deutschsprachigen Anthologien, erheben insgesamt jedoch keinen Anspruch auf Vollständigkeit. Eine umfassende Darstellung erfordert bei der ungeheuren Vielfalt der Sprachen, Kulturen und Zeiträume, aus denen ins Deutsche übersetzt wurde, viele Jahre Forschungsarbeit in wissenschaftlicher Teamarbeit. Seit 1997 liegt eine sehr hilfreiche chronologische Bibliographie vor, W. Rössigs *Literaturen der Welt in deutscher Übersetzung*, die 16.500 literarische Übersetzungen seit der Erfindung des Buchdrucks erfaßt.

1. 18. Jahrhundert

Das Spektrum der Übersetzungstätigkeit des frühen 18. Jahrhunderts läßt sich noch einigermaßen gut übersehen, dennoch gibt es sehr unterschiedliche Übersetzungshaltungen und Übersetzertypen. Das zeigt sich bereits in den vier, bzw. fünf Übersetzern, die bereits in ihrer Zeit zu einigem Ansehen gelangten: Friedrich Ludwig Vischer, Barthold Hinrich Brockes, Johann Christoph Gottsched und seine Frau Luise Adelgunde und Johann Jacob Bodmer.

Vischer kann man als den **ersten Berufsübersetzer** der neueren deutschen Literaturgeschichte bezeichnen, obwohl er vom Übersetzen allein wohl nicht leben konnte. Bezeichnend ist, daß er von seinen Übersetzungen gern als von einer »Ware« spricht, die in bester Qualität zu liefern er keine Mühe gescheut habe. Bei seinen Übersetzungen richtete er sich daher nach dem, was zu seiner Zeit auf dem Buchmarkt ging, und das waren vor allem Reisebeschreibungen, die Vischer zwischen 1705 und 1720 in großer Zahl vor allem aus dem

Französischen und Englischen übersetzte. Die hierbei gewonnenen Fertigkeiten kamen ihm bei der Übersetzung des einzigen großen Werks der Weltliteratur zugute, das Vischer ins Deutsche übersetzte: *Das Leben und die gantz ungemeinen Begebenheiten des Robinson Crusoe* von Daniel Defoe (1720). Die Sorgfalt, die Vischer der Übersetzung widmete, zeigt sich u.a. daran, daß er nicht – den Gepflogenheiten der Zeit entsprechend – die französische Version zugrunde legte, die er vielmehr als verstümmelt kritisierte, sondern mit großer Genauigkeit nach dem englischen Original übersetzte. In seinem Vorwort bringt er im Gegensatz zur französischen Manier bereits den **Begriff der Treue** ins Spiel, jedoch ist dieser Treuebegriff noch naiv, da Vischer Übersetzung selbst wie alle seine Zeitgenossen als ein handwerklich-pragmatisches Problem betrachtete. Die etwas umständliche, aber sehr sorgfältige Übersetzung hatte ein etwas seltsames Schicksal: Erfolg war ihr nämlich nur insofern beschieden, als sie zahlreiche z.T. dubiose Nachdrucke und Bearbeitungen nach sich zog, bis hin zu der Joachim Heinrich Campes von 1779, während die ursprüngliche Übersetzung schnell vergessen wurde. Die undurchschaubare Nachdruckpraxis des 18. Jahrhunderts gibt nebenbei bemerkt gerade der Übersetzungsforschung größere Probleme auf.

Im Gegensatz zu Vischer übersetzte **Brockes** aus reiner Liebhaberei. Als er damit begann, im größeren Umfang zu übersetzen, war der zum Pfalzgrafen ernannte poeta laureatus bereits einer der berühmtesten und hochgeehrtesten Literaten des deutschsprachigen Raumes. Brockes übersetzte vor allem die englischen Kritiker und Dichter wie Addison, Shaftesbury, Pope, Thomson, Milton und Swift. 1740 erschien seine Übersetzung von Popes *Versuch vom Menschen* »nebst verschiedenen anderen Übersetzungen und einigen eigenen Gedichten«, 1744 Thomsons *Jahres-Zeiten*, in denen Brockes die Intentionen seiner eigenen Naturlyrik fortgesetzt sah. Gerade an Brockes zeigt sich, wie sehr das Übersetzungsproblem bereits in Fluß geraten war, denn trotz der großen Achtung, die ihm die Zeitgenossen entgegenbrachten, wurde er bald gerade für seine Übersetzungen kritisiert. Hier läßt sich bereits das merkwürdige Phänomen beobachten, daß Übersetzungen im Regelfall schneller als veraltet oder altmodisch angesehen werden als Originalwerke.

Die **Übersetzungen Gottscheds** und seiner Frau standen vor allen Dingen im Dienste seines Reformprogramms zur Förderung von Tugend und gutem Geschmack in Deutschland, sowie der Erneuerung der deutschen Schaubühne. Die pragmatische Bindung der Übersetzungstätigkeit zeigt sich schon in der Auswahl. Die *ars poetica* des Horaz diente als Einleitung und Beglaubigung der *Critischen Dichtkunst*,

die bis in die Mitte des Jahrhunderts die literarischen Normen bestimmen sollte, und noch zur Zeit seines schon abklingenden Einflusses
versuchte Gottsched mit einer Batteux-Übersetzung (1754) die Lehren
der Franzosen noch einmal zur Geltung zu bringen. Als Übersetzer
nimmt **Gottscheds Frau** einen höheren Rang ein als Gottsched selbst.
Sie hat auch das umfangreichere Übersetzungswerk vorzuweisen. Sie
übersetzte aus den moralischen Wochenschriften der Engländer, dem
Spectator (1739-43), dem *Tatler* (1745), Addisons *Cato* (1735), Popes
Lockenraub (1744), kritische Werke aus dem Französischen u. v. a.
mehr.

Während Gottscheds Übersetzungen im Prinzip **nach französischer Manier** verfahren, vor allem die Regelrichtigkeit der deutschen
Sprache, bzw. seiner Sprachauffassung über die Genauigkeit der Wiedergabe stellen, hatte die Gottschedin bereits einen strengeren Begriff
von der Aufgabe des Übersetzers. Im Anhang zur Pope-Übersetzung
persifliert sie die französische »freye« Art der Übersetzung, um zu
zeigen, daß man nicht nach Willkür mit einem Schriftsteller umgehen soll. Überdies hatte die Gottschedin einen weiteren Horizont als
Gottsched selbst und opponierte den engen Geschmacksgrenzen, die
Gottsched gezogen hatte, was möglicherweise schließlich auch mit zur
Entfremdung der beiden voneinander beigetragen haben mag. Dennoch sind Gottscheds Verdienste um die Reform des deutschen Thea-
ters unbestritten. Trotz der Vorbehalte gegen seine Übersetzungen,
die schon zu seiner Zeit erhoben wurden, haben seine Übersetzungen
der Dramen von Corneille, Racine, Voltaire, Molière und Destouches
nicht nur für einige Zeit dem Theater spielbare Stücke geliefert, sondern auch die Produktion der deutschsprachigen Zeitgenossen angeregt und beeinflußt.

Der Streit um das Wunderbare zwischen Gottsched und **Bodmer
und Breitinger**, der schließlich zum Streit um die poetologische Vor-
herrschaft wurde, legt den Gedanken nahe, auch Bodmer habe aus
pragmatischen Erwägungen heraus, also gleichsam gegen Gottsched
übersetzt. Dies ist jedoch zumindest zunächst nicht der Fall. Der ursprüngliche Impuls zur Übersetzung von Miltons *Paradise Lost*, dem
Verlust des Paradieses, dessen erste Fassung 1732 erschien, war eine
Begeisterung für das Original, die sich nicht zuletzt auch aus religi-
ösen Motiven speiste. Gottsched stand auch zunächst der Übersetzung
keineswegs ablehnend gegenüber, erst als im Lauf der Zeit die poetologischen Konsequenzen öffentlich hervortraten, fühlte Gottsched seine
Position in Frage gestellt. Bei den späteren Fassungen der Bodmer-
schen Übersetzung (insbesondere der von 1742) ist dann eine apolo-
getische Intention in der Übersetzung spürbar, die sich in den Anmer-

kungen fortsetzt. In der Gegenüberstellung mit den poetologischen Schriften der Schweizer läßt sich sagen, daß die Milton-Übersetzung eine außerordentliche **Wende in der Entwicklung des Übersetzungsproblems** einleitete. Obwohl die Übersetzung über weite Strecken von der etwas umständlichen und steifen Gelehrtensprache der Zeit nicht sehr weit entfernt ist, bringt sie durch die Skrupelhaftigkeit Bodmers, insbesondere durch seine Aufmerksamkeit, die er der Bildlichkeit des Originals widmet, einen ganz neuen Ton in die deutsche Sprache, der bisher kaum abgeschätzte Folgen zeitigte. Daß z.B. Klopstocks Dichtungskonzeption von der Milton-Übersetzung ganz wesentlich beeinflußt war, daß Milton über Bodmers Übersetzung vorbildhaft auf den Messias einwirkte, daran sind keine Zweifel möglich.

Aus verschiedenen Gründen blieb jedoch die Wirkung Bodmers und auch die Wirkung Miltons relativ beschränkt. Erst mit der **Entdeckung Shakespeares** geriet die Übersetzungsentwicklung in Fluß, und parallel dazu entwickelte sich eine ganz neue Konzeption der dichterischen Sprache. Obwohl die Geschichte Shakespeares in Deutschland bisher am reichhaltigsten bearbeitet worden ist, obwohl man andere Entwicklungen im 18. Jahrhundert nicht ignorieren sollte, sollte eine weitere Entfaltung und Differenzierung der Rezeptionsgeschichte der Shakespeareschen Dramen ein vordringliches Ziel der Forschung sein, weil hier das dichteste Paradigma vorliegt, von dem aus eine Modellvorstellung für eine umfassende Geschichte der Übersetzung in Deutschland gewonnen werden kann. Von der Wirkung her gesehen, wären innerhalb der Geschichte Shakespeares in Deutschland einige Gewichte zu verschieben. So steht zwar die monumentale Qualität der **Schlegel-Tieckschen Übersetzung** außer Frage, jedoch hat der Monument-Charakter der Übersetzung übersehen lassen, daß die eigentliche Pionierarbeit bei der Entdeckung Shakespeares von anderen geleistet wurde, und so wäre zu fragen, ob nicht die vorherigen Übersetzungen viel mehr bewirkten. Nicht nur dafür gibt es Anzeichen, es scheint sogar so zu sein, daß sich die übergroße Verehrung der Schlegel-Tieckschen Übersetzung auf den weiteren Verlauf der Übersetzungsgeschichte Shakespeares hemmend ausgewirkt hat, weil sich kein Übersetzer mehr vom Schlegelschen Text wirklich hat befreien können.

Wie dem auch sei, so harrt die **Wielandsche Übersetzung** trotz verschiedener Studien immer noch ihrer umfassenden Würdigung in ihren Auswirkungen auf die deutsche Sprach- und Literaturgeschichte. Zwar bezweifelt niemand die Gundolfsche Feststellung, Wielands Version sei eines der unterirdisch einflußreichsten Werke der deutschen Literaturgeschichte (Gundolf 1959), die Konkretionen der Wirkungsgeschichte sind jedoch längst noch nicht ausreichend untersucht worden. Mehr noch als bei Schlegels Text wäre bei dem Wielands aber ein historischer Blick vonnöten. So hat zu oft die Fehlerkritik und die Konstatierung von Befremdlichkeiten bei Wieland die Sicht auf das Wesentliche versperrt. Bedenkt man aber, daß es zur Zeit, als sich Wieland zu einer **Übersetzung Shakespeares** entschloß, praktisch keine gesicherten philologischen Mittel gab, keine entfaltete Shakespeare-Kritik, kaum ein Bewußtsein von der Bühnenwirksamkeit der Shakespeareschen Dramen, so muß das Wielandsche Unternehmen als eine gewaltige Leistung erscheinen. Vor allem aber konnte sich Wieland nicht bei vorhergehenden Übersetzern Rat holen, denn vor ihm hatten nur Borck und Grynäus einzelne Dramen übersetzt (*Julius Cäsar* in Alexandrinern 1741, *Romeo und Julia* in Blankversen 1758), Mendelssohn dagegen hatte sich auf einzelne Proben beschränkt (1758-1759).

1760 entschloß sich Wieland zur Übersetzung, und trotz gelegentlicher Verzweiflung am eigenen Unternehmen erschienen dann zwischen 1762 und 1766 zweiundzwanzig Stücke Shakespeares. Die zeitgenössische Kritik ging zwar in der Mehrheit ziemlich gnadenlos mit der Übersetzung um (Lessing war eher die Ausnahme), was aber für über ein Jahrzehnt niemanden hinderte, seine Shakespeare-Kenntnis aus der Wielandschen Übersetzung zu beziehen. Die Übersetzung, die der Braunschweiger Professor Johann Joachim Eschenburg auf der Basis der Wielandschen anfertigte (1775ff.) war zwar philologisch verläßlicher, aber auch langweiliger und umständlicher als die Wielandsche Übersetzung. Dennoch wurde sie – nach Schlegels eigenem Eingeständnis – die wichtigste Vorlage des romantischen Shakespeare, die Schlegels Übersetzungsentscheidungen auch im einzelnen bestimmt hat.

Wenn man bedenkt, wie viele Übersetzungen **A. W. Schlegel** vorliegen hatte, wenn man bedenkt, daß es auch für einen poetischen, d.h. einen Shakespeare in Versen nun schon Ansätze gab, wenn man schließlich bedenkt, welch reiches Material Schlegel in der Shakespeare-Kritik von Lessing über Gerstenberg zu Herder vorfand, ging die Schlegelsche Übersetzung sehr mühselig voran. 14 Dramen erschienen zwischen 1796 und 1801 zwar ziemlich rasch, dann jedoch stockte die Unternehmung. 1810 erschien der für Shakespeare Freunde enttäuschend schmale 9. Teil, zwischen 1825 und 1833 erschienen dann sukzessive die Bände der von Wolf Graf Baudissin und Dorothea Tieck unter Tiecks Federführung vervollständigten Übersetzung, mit der Schlegel allerdings nie ganz einverstanden war. Da die Schlegel-Tieck-Übersetzung sich über ein Interesse der literarhistorischen

Forschung nicht beklagen kann, sei hier nur noch auf ein Problem hingewiesen, das noch zu wenig beachtet worden ist. Heute gelten nämlich die Schlegelschen Texte durchaus für spielbar, seinerzeit war das nicht der Fall. Wieland, Eschenburg und Schlegel hatten ihren **Shakespeare für Leser** konzipiert, und als solcher wurde er auch aufgenommen. Auf der Basis der jeweiligen Texte entstanden dann aber zahlreiche Theaterfassungen, deren Vergleich mit den jeweils zugrunde liegenden »Original-Übersetzungen« höchst aufschlußreiche Erkenntnisse über die Theatergeschichte des 18. und 19. Jahrhunderts zutage fördern würde.

Trotz des großen Interesses, das ihr gewidmet wurde, hat auch die Geschichte Shakespeares im Deutschland des 18. Jahrhunderts noch weiße Flecken. Darüber hinaus aber gibt es Arbeitsfelder, die fast vollständig brachliegen. So etwa die **Übersetzungsgeschichte der englischen Romane** im Deutschland des 18. Jahrhunderts Hier tauchen ganz andere Fragestellungen auf und zwar vor allem deshalb, weil hier zwischen dem Erscheinen der Originale und den Übersetzungen viel weniger Zeit lag und weil diese Übersetzungen in eine literarhistorische Situation hineinstießen, in der man von der Gattung des Romans noch gar keinen rechten Begriff hatte (Christian Friedrich Blankenburgs *Versuch über den Roman* erschien erst 1774). Seit Beginn der vierziger Jahre erschienen dem gestrengen Gottsched zum Trotz immer mehr Übersetzungen von Richardson, Fielding, Sterne, Smollett und Goldsmith, die nicht nur lebhafte Diskussionen auslösten und vorher nie dagewesene Themen in die literarische Diskussion brachten, sondern auch eine Flut von Parodien, Nachahmungen, Bearbeitungen, Dramatisierungen etc. auslösten, die in ihrem Umfang nicht abzuschätzen ist. Die Wirkung von Übersetzungen auf die deutsche Literaturentwicklung ist hier möglicherweise sogar direkter und deutlicher zu beobachten als bei Shakespeare. Z.B. war Richardson unzweifelhaft Vorbild für den deutschen Briefroman. Berühmte Nachahmungen oder Parodien wie *Sebaldus Nothanker* von Friedrich Nicolai oder *Grandison der Zweyte* von Musäus sind nur die Spitze des Eisbergs der vielfältigen Richardson-Rezeption.

Aus der Fülle der Übersetzer englischer Romane im 18. Jahrhundert seien hier zwei sehr produktive, in ihrer Zeit hoch geschätzte herausgegriffen, die heute fast völlig vergessen sind: Johann Joachim Christoph Bode und Wilhelm Christhelf Sigmund Mylius. Bode war zwar zumeist nicht der erste Übersetzer der jeweiligen Romane, verschaffte jedoch den Texten durch seine flüssigen Übersetzungen meist größere Beachtung als die Vorgänger, obwohl er alle Übersetzungen anonym veröffentlichte. Er übersetzte Fieldings *Tom Jones* (1786-

38) (auf Anregung Lessings), Sternes *Sentimental journey* unter dem epochemachenden Titel *Yoricks empfindsame Reise durch Frankreich und Italien* (1771). *Tristram Schandis Leben und Meynungen* (1774), von Jean Paul und Wieland aufs höchste gepriesen, machten ihn zu dem wichtigsten deutschen Vermittler der witzigen Engländer. Seine Begabung für den kräftigen Sprachwitz ließ Bode allerdings die Gegenstände oft über einen Kamm scheren. Dieser ist nämlich bei seiner Goldsmith-Übersetzung (*Der Dorfprediger von Wakefield*, 1776) oder der Smollett-Übersetzung (*Humphry Klinkers Reisen*, 1775) weniger wirkungsvoll. Was Smollett anbetrifft, so gelingt es hier Mylius (z.B. *Roderich Random*, 1790) durch seine stärker anpassende Übersetzungsweise den Unterschied etwa zu Sterne besser herauszuarbeiten.

Auch bei der **Rezeptionsgeschichte der französischen Klassiker** in Deutschland findet man diese beiden Übersetzer an prominenter Stelle wieder. Bodes siebenbändige Montaigne-Übersetzung (*Michael Montaignes Gedanken und Meinungen über allerley Gegenstände*, 1793-99) z.B. blieb das ganze 19. Jahrhundert hindurch die verbindliche deutsche Übersetzung. Gleiches gilt für die Lesage-Übersetzung (*Gil Blas von Santillana*, 1779; 3. verbesserte Auflage 1802) von Mylius. Bei der Menge der berühmten Namen in der Übersetzungsgeschichte der französischen Klassiker und Zeitgenossen (Goethe, Schiller, Biering, Claudius, Schulz, Lessing, Gellius, Eschenburg u.a.) scheint es willkürlich zu sein, gerade Bode und Mylius herauszugreifen, jedoch kommt ihnen durch den Umfang ihres Werks und die Kontinuität ihrer Übersetzungsarbeit besonderes Interesse zu. Für die Rezeptionsgeschichte der französischen Literatur im 18. Jahrhundert gilt im übrigen Ähnliches wie für die Shakespeares: bei weitgehender Einigkeit der Forschung über die Bedeutung des Gegenstandes, bei Vorliegen bedeutender Einzelstudien, sind größere Felder noch völlig unbearbeitet, kaum zählbare Texte noch nicht berücksichtigt worden.

Wie die Übersetzung im 18. Jahrhundert nicht nur Töne, den bildlichen Ausdruck, Formen und Gattungen, Themen und Darstellungsweisen veränderte, sondern auch bis in die kleinsten Zellen der dichterischen Sprache, bis in die Versgestaltung hineinwirkte, läßt sich am besten an den **Übersetzungen aus der Antike** studieren. Auch hier sind die übersetzungsgeschichtlichen und übersetzungstheoretischen Diskussionen lange Zeit an den eigentlichen Problemen vorbeigegangen. Das literarhistorische Problem ist hier nämlich nicht, ob es eine adäquate Übertragung des griechischen prosodischen Systems und seiner Konkretionen ins Deutsche geben kann, sondern literarhistorisch relevant ist, daß die Übertragung der griechischen Dichter, insbesondere Homers, gerade aufgrund der Unterschiedlichkeit des prosodischen Systems den Ausdrucksreichtum der deutschen Verssprache unendlich erweitert hat. Auch auf diesem Gebiet gehen die ersten Anregungen von **Bodmer** aus. Neben wiederholten begeisterten Hinweisen auf Homer stehen seine Versuche einer metrischen Übertragung der Werke Homers in Hexametern, während die Gottsched-Anhänger es noch mit Alexandrinern versuchten.

Obwohl Winckelmanns *Geschichte der Kunst des Althertums* (1764) das Verständnis des Griechentums und eine immer tiefergehende Beschäftigung mit den Gegenständen schlagartig erhöhte, dauerte es noch eine ziemliche Weile, bis die Zeit für eine vollständige, eng am Text bleibende Hexameter-Übersetzung reif schien. Zwischendurch sah es gar so aus, als wolle man sich mit den vorliegenden Prosa-Übersetzungen zufrieden geben (wie der von Christian Tobias Damm, 1769-71), da (so z.B. Herders Meinung) deutsche Hexameter zu künstlich wirken und das Naturhafte Homers verdecken würden. Hier gibt es eine deutliche Parallele zur Aneignung Shakespeares. Die Sturm und Drang-Dichter betonten das Naturhafte und Ungeregelte an Shakespeare, sie suchten es in seinen Werken und fanden es nur – gerade in Wielands Prosa-Übersetzung, während dann bei Schlegel das Kunstmäßige, die Komposition und Konstruktion an Shakespeares Werken in den Vordergrund gestellt wird. Analog dazu resultierte auch bei Homer die Forderung nach einer metrischen Übersetzung aus der vertieften Einsicht in die künstlerischen Verfahrensweisen der Epen.

In den 1770er Jahren traten dann gleich drei philologisch gebildete Übersetzer an, endlich einen poetischen deutschen Homer vorzulegen: Gottfried August **Bürger**, Friedrich Leopold Graf **Stolberg** und natürlich Johann Heinrich **Voß**. Als Bürger die ersten Proben vorlegte (1776), wurde er zwar weithin gelobt, jedoch mußte er später mehr oder weniger widerstrebend einsehen, daß er mit seiner Übersetzung in Jamben auf dem falschen Wege war, so daß nur noch Stolberg und Voß in der Konkurrenz blieben. Stolbergs *Ilias* erschien dann 1787 Voß' *Odyssee* 1781, seine *Ilias* 1802. Obwohl sich Stolbergs Übersetzung glatter las, obwohl Voß wütend für die Fremdheit und Widerborstigkeit seiner Sprache kritisiert wurde, war es Voß, der sich schließlich durchsetzte, zustande brachte, was ihm seine Kritiker zunächst noch in polemischer Absicht vorgehalten hatten: eine **Sprachumwälzung**. Mit ungemeiner Hartnäckigkeit blieb Voß auch in den Überarbeitungen bei seinen Maximen und wurde schließlich schulebildend für einen klassizistischen hohen Stil. Goethes *Hermann und Dorothea* ist das berühmteste Beispiel dafür.

Auch die **Wiederentdeckung der Volkspoesie**, insbesondere des Volksmärchens und die Neukonstitution des Kunstmärchens ist eng mit dem Übersetzungsproblem verknüpft. In Frankreich hatte Perraults Märchen-Sammlung (1695) sowie die erste europäische Übersetzung der *Märchen aus 1001 Nächten* (Antoine Galland) eine Märchenmode angeregt, die bis in die Mitte des Jahrhunderts tausende von Feenmärchen und dergleichen auf dem Büchermarkt erscheinen ließ. Die von Gottsched streng verurteilte Form des Märchens schlich sich dann auf dem Wege der Übersetzung auch nach Deutschland ein und zwar zunächst durch drei große Sammlungen: Friedrich Emanuel Bierlings *Cabinet der Feen* (1761-65), Friedrich Justin Bertuchs *Blaue Bibliothek aller Nationen* (1790-1800) und Wielands *Dschinnistan oder auserlesene Feen- und Geistermärchen* (1786-89), welche Übersetzungen und Bearbeitungen Wielands und anderer Übersetzer sowie auch eigene Märchen Wielands vereinte. Bis hin zu den *Altdänischen Heldenliedern, Balladen und Märchen* (1811) von Wilhelm Grimm oder den Bearbeitungen der Märchen Basiles von Brentano wurde die romantische Neubegründung der Dichtung auf dem Wunderbaren immer wieder von Übersetzungen begleitet.

2. 19. Jahrhundert

Die deutsche Romantik, A.W. Schlegel allen voran, ist trotz der Würdigung, die den Vorgängern noch widerfahren muß, der Höhe- und Fluchtpunkt der Entwicklung des Übersetzens wie sie im 18. Jahrhundert begonnen hatte. Auf der Basis eines gewaltig erweiterten Dichtungs- und Kritikbegriffs, auf der Basis historischen Bewußtseins und philologischen Handwerkszeugs, entstanden nun Übersetzungen, die man einige Jahre vorher noch für absolut unmöglich gehalten hatte. So hatte z.B. Wilhelm **Heinse**, obwohl er unvergleichliche Stanzen machen konnte, bei der Übersetzung von Ariosts *Orlando* sich noch mit einer Prosa-Version begnügt. Er folgte damit einer u.a. von Wieland vertretenen Meinung, daß eine Übertragung in strenge »ottave rime« die Möglichkeiten der deutschen Sprache weit überstiege. A.W. Schlegel jedoch hielt eine solche Übertragung für möglich und notwendig, und diese wurde dann – korrigiert von Schlegel – von Johann Diederich Gries auch in meisterhafter Weise geliefert (1804-1808).

Sind Schlegels Dante und Shakespeare, Tiecks Cervantes, Gries' Ariost einerseits Verlängerungen, Höhepunkte und Verdichtungen in der Entwicklung der **Aneignung der Weltliteratur im 18. Jahrhundert**, so bezeichnen sie zugleich einen Umschlagpunkt im

Verhältnis von Literatur und Übersetzung. Die Entwicklung des 18. Jahrhunderts ging immer stärker auf eine Identität von Dichtung und Übersetzung hinaus: Übersetzungen wurden immer selbstverständlicher als **Teil der Nationalliteratur** aufgenommen; bei den erwähnten Werken aus der Zeit der Romantik war dies schließlich vollkommen bruchlos der Fall. Zugleich aber wurden innerhalb der Romantik die Instrumentarien und Voraussetzungen der Übersetzung derart erweitert, daß sie begann, sich als spezialistische Sonderdisziplin wieder von der Literaturproduktion abzukoppeln. Wo sie sich aber nicht dieser Instrumentarien bediente, mußte sie notwendig hinter bereits erreichte Standards zurückfallen. Dies läßt sich z.B. im Vergleich der Dante-Übersetzungen von Ludwig Kannegießer (1809-21) und Karl Streckfuß (1824-26) mit denen Schlegels erkennen. Bei Schlegel und Gries, mit Einschränkungen auch bei Voß, fielen die Resultate einer spracherweiternden, **sprachbewegenden** Übersetzungskonzeption mit den sprachlich-ästhetischen Normen der Goethezeit überein, nun jedoch kristallisierten sich die beiden Möglichkeiten des Rückfalls hinter das Erreichte und der Entfernung, der Fremdheit und Sprödigkeit gegenüber dem Stand der Literatursprache heraus.

Die beiden nach Schlegel verdienstvollsten, dennoch heute weithin vergessenen, Übersetzer des frühen 19. Jahrhunderts, Johann Diederich **Gries** und Johann Gottlob **Regis**, halten sich mit ihrer Sprach- und Übersetzungskonzeption jedoch im wesentlichen noch im Rahmen dessen, was die Leser/innen der Goethezeit verarbeiten konnte, allerdings mit unterschiedlicher Akzentuierung. Regis richtete die sprachliche Gestaltung seiner Übersetzungen an Goethes Sprache aus, wurde aber trotzdem von den meisten Zeitgenossen eher als philologisch gelehrter, denn als dichterischer, poetischer Übersetzer betrachtet. Gries dagegen lernte sowohl von Schlegel als von Voß und fand dennoch Gefallen bei weiteren Kreisen als Regis. Das ist nicht ganz ohne Widersprüche und hat wahrscheinlich nicht ausschließlich etwas mit der Konkretion der Texte zu tun. Z.B. war Gries geschickter in der Propagierung seiner Arbeit, kannte fast alle großen Persönlichkeiten seiner Zeit von Wieland über Goethe, Schiller, Schlegel zu Herbart, im Gegensatz zu Regis, der als schwierig galt, zurückgezogen lebte und emphatisch auf die Rücksicht auf das Publikum verzichtete. Was ihre materielle Existenz betrifft, so waren sie jedoch in der gleichen Lage und sind allen anderen voran ein Beispiel dafür, wie sehr Übersetzung im frühen 19. Jahrhundert als Ideal aufgefaßt wurde. Obwohl nämlich beide ihr Leben nur unter relativ erbärmlichen Bedingungen fristen konnten (Gries allerdings erst nach einem Vermögensverlust) widmeten sie ihre gesamte Kraft dem Übersetzen.

Gries› Übersetzungen, vor allem sein Tasso (*Befreites Jerusalem*, 1800-1803), sein Ariost (*Rasender Roland*, 1804-08) und die Dramen Calderóns (1815-29) erregten bei den Zeitgenossen höchste Bewunderung und wurden als literarische Leistungen ersten Ranges anerkannt. Auch Regis erlangte vor allem mit seinem Rabelais (*Gargantua und Pantagruel*, 1832) und seiner Übersetzung der Shakespeare-Sonette (1836) höchsten Respekt, jedoch waren die Kritiken oft deutlich distanziert. Die Verbeugungen vor seiner Gelehrsamkeit können hier nicht verbergen, daß vieles von Regis' Intentionen den Zeitgenossen fremd blieb. Regis' Übersetzungswerk muß aber für eine Untersuchung des Verhältnisses von historischer Interpretation und Übersetzung im Kontext der Literaturgeschichte des frühen 19. Jahrhunderts höchste Aufmerksamkeit gewidmet werden. Die ausgreifenden Kommentare und Glossen stellen seine Übersetzungen nämlich in ein umfangreiches Beziehungsnetz und sind eine wahre Fundgrube für die Übersetzungsforschung.

Bereits bei Regis gibt es einen deutlichen Ansatz zur Radikalität bei der Annäherung an den fremden Text, die möglicherweise durch Goethes Konzeption der dritten Art der Übersetzung, zu der sich der Geschmack der Menge noch bilden müsse, angeregt worden ist. Solche Radikalität trat nun in der Übersetzung der antiken, besonders der griechischen Schriftsteller immer stärker hervor. In dieser Entwicklung ergab sich ein scheinbares Paradox: Die Fortschritte der Philologie und der materialen Altertumskunde, die ungeheure Erweiterung der Kenntnisse führte nun gerade dazu, daß eine grundsätzliche, historisch und geo-kulturell bedingte **Fremdheit des Griechentums** immer stärker gefühlt wurde. Die Grafen zu Stolberg hatten Aeschylos (1802) und Sophokles (1787) noch ganz unreflektiert übersetzt, sie mit Begeisterung zu Mitgliedern der deutschen klassizistischen Dichterfamilie gemacht. Beide **Stolbergs** widmeten den griechischen Versformen wenig Aufmerksamkeit, übersetzten Trimeter in Blankverse, Chorlieder in Odenstrophen, nahmen die Bildlichkeit zurück und glätteten bei den rhetorischen Wendungen. Dies stieß dann auch schnell auf scharfe Kritik der philologisch Ausgewiesenen, der Brüder Schlegel, Solgers und Humboldts.

Das diametrale Gegenteil jener Übersetzungen entstand in Hölderlins Sophokles-Übertragungen (1804), die bei den Zeitgenossen auf fast völliges Unverständnis, ja auf Hohn trafen. Die merkwürdige Dialektik von Fremdheit und Nähe in der Gleichzeitigkeit von radikaler Anpassung an den Urtext und explizierender Übersetzung mit philologischer Intention erreichte aus verschiedenen Gründen nicht den Erkenntniseffekt, den sie hätte haben können. **Hölderlin** war ohnehin

ein Außenseiter und konnte nicht auf intensive Verständnisbemühung
rechnen, darüber hinaus aber wurde den Kritikern das Unverständnis
dadurch erleichtert, daß die Hölderlinschen Übersetzungen zahlreiche offensichtliche Mißverständnisse des Urtextes enthielten. Was
allerdings im einzelnen Mißverständnis und was Gestaltungswille ist
ist weniger leicht zu unterscheiden, als Hölderlins Kritiker glauben
machen wollten.

Auch **Schleiermachers** fremdartige, akribische Platon-Übersetzung
(1817-18) hat bei den Zeitgenossen Spott herausgefordert, obwohl
Schleiermachers philologische Kenntnisse im Gegensatz zu denen
Hölderlins über jeden Zweifel erhaben waren. Jedoch hat Schleiermachers Text seine Kritiker um ein Geraumes überlebt: Sein Platon wird
heute noch weithin gelesen und gehört zu denjenigen Übersetzungen
die sich im Leserbewußtsein von ihrer Zeitgebundenheit befreien
konnten.

Wie der Fortschritt der Philologie im frühen 19. Jahrhundert zu
einer Bevorzugung der **verfremdenden Übersetzungsmethode** führte, läßt sich z.B. im Vergleich der Aristophanes-Übersetzungen von
Friedrich August Wolf (1811) und Johann Gustav Droysen (1835-38)
zeigen. Wolf, der berühmte Philologe der Goethezeit, übersetzte Ari-
stophanes glättend und klassizistisch, fast nach französischer Manier
so daß Jean Paul spotten konnte, zum Übersetzen gehöre mehr als die
Kenntnis der Sprache. Auch Droysen hatte sich schon einmal in einer
ähnlichen Aristophanes-Version versucht, gab diese Übersetzungskonzeption aus historisch-philologischen Einsichten (im Sinne Boeckh
dessen Schüler er war) auf, zugunsten eines Konzepts, das dem Eindruck auf einen späteren Leser, nicht auf den zeitgenössischen nachzukommen suchte, so wie es auch schon Schleiermacher als zentraler
Grundsatz eines historisch reflektierten Übersetzens angesehen hatte.

Auch **Humboldts** Übersetzung des *Agamemnon* des Aeschylos
(1816), die den Versuch machte, der Struktur des Verstehens gerecht
zu werden, nämlich in der Übersetzung die Mühe und die Fremdheit
im Prozeß des Verstehens geltend zu machen, dem Leser eine hohe
Aufmerksamkeit für sprachliche Prozesse zuzumuten, ist oft nicht
verstanden oder ignoriert worden.

Noch vor der Mitte des 19. Jahrhunderts kam die unvergleichlich
intensive Entwicklung des Übersetzens langsam zum Stillstand. Zwar
nahm die Quantität der Übersetzungen weiterhin nicht ab, jedoch
verlor die Übersetzung als Form ihre fruchtbare Einwirkung auf die
Sprach- und Literaturentwicklung. In der Goethezeit gab es hier
eine Wechselwirkung: die Sprache der Übersetzungen richtete sich
an ästhetischen Normen der Zeit aus und beeinflußte diese selber

nun jedoch – etwa in den Übersetzungen Heyses und Geibels – degenerierten die fremden Originale immer mehr zum Stoff, der in ein epigonales **Sprach- und Formensystem** übertragen wurde, in dem die Bewegtheit, die die Sprache der Goethezeit gekennzeichnet hatte, langsam einfror. In Gildemeisters Byron und Ariost, Heyses Giusti, Schreyvogels Bühnenübersetzungen, den Shakespeare-Übertragungen von Bodenstedt und Simrock, schließlich in den Übersetzungen der griechischen Tragödien von Wilamowitz-Moellendorf, erstarrt die Goethesche Sprache immer mehr zu einem vagen, farblosen Bildungsidiom, das Rudolf Borchardt später als »Bankrott der Sprache und des Stils« (Borchardt 1927) bezeichnen sollte.

Wie sehr die Entwicklung hinter das längst Erreichte zurückfiel, zeigt sich am deutlichsten an den Übersetzungen Ulrich Wilamowitz-Moellendorfs, besonders der *Griechischen Tragödien*, die in den 1880er und 90er Jahren erschienen und bis weit ins 20. Jahrhundert hinein mehrfach aufgelegt wurden. Obwohl **Wilamowitz** der glänzendste Philologe seiner Zeit war, kehrt er nicht nur zur travestierenden Übersetzungsform zurück, sondern verwirft auch fast die gesamte Tradition jener sprachbewegenden Übersetzungen von Voß bis Humboldt, und selbst Goethe wird für seine angeblich schädliche Rolle in diesem Prozeß getadelt. Hinter Wilamowitz' Übersetzungsmaximen des »geprägten Stils« und der »Verständlichkeit« stand zwar die gute Absicht, die Gegenstände der humanistischen Kultur gleichsam zu demokratisieren, jedoch kamen dabei nur ebenso gezähmte wie vage Sprach- und Stilformen heraus.

Aber selbst die **Dichter des jungen Deutschland** fanden kein Gegengewicht zum bürgerlich eingefahrenen Bildungsstil, ihre Radikalität war hauptsächlich eine des Inhalts und nicht der Form. Obwohl sie von den französischen Romantikern begeistert waren, erreichten sie in ihren Übersetzungen kaum einen Fortschritt über das abgegriffene lyrische Arsenal ihrer Zeit hinaus. Liest man etwa Freiligraths Musset-Übersetzungen, so meint man, es müsse sich dabei um Verse aus dem Poesie-Album handeln.

Einige wenige gelungene Übersetzungen, z.B. in: *Fünf Bücher französischer Lyrik* ... von Geibel und Leuthold (1862) können das dürftige Bild nicht verändern. Eine Revision der verbreiteten Meinung einer »übersetzungsfreudigen, aber übersetzungsuntauglichen Zeit« (Suerbaum) ist nicht zu erwarten. Die Gründe dafür wären freilich noch genauer zu untersuchen, als das bisher geschehen ist.

Erst mit der Neukonstruktion insbesondere der lyrischen Sprache im **deutschen Fin de Siècle**, im Umkreis von Hofmannsthal und George und seines Kreises, gewinnt dann die Übersetzung ihre bewegende Funktion wieder zurück. Ganz analog zum 18. Jahrhundert wird Übersetzung gegenüber einem Zustand der Sprache und Literatur, der von den Fin de Siècle-Dichtern als ausgetrocknet empfunden wurde, die Übersetzung zum Vehikel der Erneuerung. So tauchten mit Borchardts bewußt sprachbewegend konzipierter Dante-Übertragung, mit Georges Übersetzungen französischer Lyriker wie Mallarmé und Baudelaire und der Sonette Shakespeares, mit **Rilkes** pointiert nachdichtenden Übersetzungen aus dem Französischen und Russischen, mit der Übertragung Shakespearescher Stücke und französischer Dramatiker durch Rudolf Alexander Schröder erneut Möglichkeiten auf, die deutsche Sprache und ihre poetischen Mittel durch sprachschöpferische Übersetzungen im Sinne der romantischen Konzeption des Übersetzens als Fortleben und als poetische Hermeneutik des Originals zu bereichern. Insbesondere bei den Werken der französischen Symbolisten gab es einen wahren Wettstreit der Übersetzer.

Vor allem aber bei **Stefan George** läßt sich eine virtuelle Identität von Dichtung und Übersetzung beobachten. Der Impuls des Übersetzens bestimmt im Grunde seine gesamte Dichtungskonzeption. George sieht den Impuls des Übersetzens in der »reinen Freude am Formen«, und seine Übersetzung von Baudelaires *Fleurs du Mal* (1891) steht dann auch als ein Markstein einer völlig neuen lyrischen Formensprache. Auch im folgenden blieb Übersetzung für George ein zu Zeiten sogar dominierender Bestandteil seines Werks. Er übersetzte u.a. Verlaine, Rimbaud, Mallarmé, Dante, Shakespeare, Swinburne und Rossetti.

Insbesondere bei der Übersetzung der französischen Dichter des 19. Jahrhundert gibt es im Fin de Siècle reichhaltiges Material für vergleichende Untersuchungen, von denen aus eine Perspektive bis 1933 möglich wird, da insbesondere der französische Symbolismus bis dahin weitgehend kontinuierlich rezipiert wurde. Kalckreuth, Schaukal, Blei, Ammer, Wolfenstein, Stadler, Rilke, Brecht und Benjamin sind nur einige der Namen, die hier genannt werden können. Die Untersuchung der Verbindungen mit der Lyrik Rilkes, Trakls, Heyms, Brechts u.a. würden sehr zur Erhellung der Konstitution moderner Lyrik beitragen.

Bereits bei George hat Übersetzung deutlich auch propagandistische Züge. Wie Übersetzungen zur Durchsetzung eigener Auffassungen eingesetzt werden können, zeigt sich auf außerliterarischem Gebiet sehr prägnant daran, daß z.B. Freud gezielt Werke französischer Ärzte übersetzte, um ein Klima für die Aufnahme der eigenen Ansätze zu schaffen. Diese Übersetzungen wurden gelegentlich von Arthur Schnitzler rezensiert. Inwiefern solche Übersetzungen im Wie

des Fin de Siècle zur Entstehung der Psychoanalyse und zugleich der
»Nervenkunst« beigetragen haben, ist eine Frage, die als Beispiel dafür
dienen kann, wie viele angrenzende Forschungsfelder eine umfassend
betriebene Übersetzungsforschung eröffnen könnte.

3. 20. Jahrhundert

Einer der produktivsten und fähigsten Übersetzer des 20. Jahrhunderts, dennoch weitgehend ungelesen, ist **Rudolf Borchardt**. Im
Programm seiner »Schöpferischen Restauration« spielt Übersetzung
eine wichtige, vielleicht die maßgebliche Rolle. Borchardt greift in
seinem Übersetzungsprogramm pointiert auf die sprachbewegende
Tradition des 18. und frühen 19. Jahrhunderts zurück und grenzt es
scharf gegen die Konzeption eines Wilamowitz mit seiner scheinhaften
Deutlichkeit und Verständlichkeit ab (*Gespräch über Formen*, Nachdr.
1987). Obwohl Borchardt als Bewunderer und Freund Georges und
besonders Hofmannsthals in engem Kontakt zur Dichtung seiner Zeit
stand, findet er – in den Übersetzungen vielleicht noch mehr als im
größeren Teil seiner eigenen Lyrik – eine völlig eigene Sprache, die
aber dennoch umfassend an die abendländische Tradition gebunden
ist und an der daher die eigentümliche Spannung von Tradition und
Neuheit, die zum Kern des Übersetzungsproblems gehört, in äußerst
prägnanter Weise zu beobachten ist. Zentraler Impuls der Borchardtschen Übersetzungen ist es, Traditionen aus ihrer historischen
Versteinerung zu erlösen und der Gegenwart und Zukunft verfügbar
zu,machen. Dieses Programm sah Borchardt nicht als rein literarische,
sondern als gesellschaftliche und zuletzt politische Angelegenheit.

Das Spektrum der Borchardtschen Übersetzung dürfte wohl einzigartig in der Geschichte der literarischen Übersetzung sein. Zwischen
1905 und 1945 übersetzte Borchardt u.a. Werke von Pindar, Platon,
Sappho, Aeschylos, Horaz, Tibull, Tacitus, Dante, Hartmann von
Aue, Arnaut Daniel, Villon, Landor, Browning, Rossetti, Swinburne,
St. Vincent Millay. Begleitende Strategien seines Rettungsplans durch
schöpferische Restauration der abendländischen Tradition waren
seine Anthologien wie *Ewiger Vorrat deutscher Poesie* (1926), die als literarische Erinnerungsarbeit historisch und aktuell Spreu und Weizen
trennen sollten.

Traditionsbrüche

Die besondere Rolle der Übersetzung in Deutschland begründet sich
über den im 18. Jahrhundert entstandenen Zusammenhang hinaus an
verschiedenen Punkten der Kulturgeschichte noch spezifisch dadurch,
daß es im Gegensatz zu den anderen großen europäischen Kulturnatio-
nen immer wieder starke Brüche der Tradition gab. Die beiden Welt-
kriege des 20. Jahrhunderts, vor allem aber die Nazizeit, brachten z.T.
weitgehende Verschüttungen von Traditionen mit sich. Rössig schreibt
im Vorwort zu seiner Übersetzungsbibliographie: »Unbestechlich dokumentieren die bibliographischen Einträge zwischen 1933 und 1945
die geistige Lähmung der NS-Zeit und den weltliterarischen Nachhol-
bedarf der Nachkriegszeit« (Rössig 1997, S. 7). Übersetzt wurden in
diesem Zeitraum fast ausschließlich Klassiker, theologische Schriften
und Autoren des 19. Jahrhunderts. Zu den wenigen zeitgenössischen
Autoren zählen Céline, Grazia Deledda und John Steinbeck. Ab 1946
umfassen die Einträge in Rössigs Bibliographie dann wieder mehrere
Seiten pro Jahr.

Zu den Männern, die zweimal Garanten für die Wiederherstellung
der Tradition wurden, gehört Borchardts Freund **Rudolf Alexander
Schröder**. Nach dem Zweiten Weltkrieg war er für diese Aufgabe
sogar geeigneter, als der esoterische Borchardt es gewesen wäre, weil
sein Übersetzungswerk und sein geistiges Programm zwar eine ähnliche Spannweite aufzuweisen hatte, jedoch weniger streng, weniger
spröde, weniger elitär war als die Werke Borchardts. Von 1903 bis
zu seinem Tode 1965 waren Übersetzungen zentral in Schröders
literarischer Arbeit. Er übersetzte unter anderem: Homer, Pindar,
Horaz, Pope, Vergil, flämische Dichter (Duize, Streuvel, Teirlinck
u.a.), Cicero, Molière, Racine, Corneille und bis zuletzt die Dramen
Shakespeares.

Gerade um das Problem der Übersetzung herum läßt sich der
Neuanfang der deutschen Literatur nach dem zweiten Weltkrieg sehr
gut untersuchen. Dieser war gerade unter diesem Gesichtspunkt keineswegs – wie manche Literaturgeschichte suggeriert – ein Ausgehen
von einem Nullpunkt, sondern zum größeren Teil ein Versuch der
Wiederanknüpfung an Traditionen, wodurch es zu merkwürdigen
zeitlichen Verzögerungen und Überlagerungen kam. So hatte etwa
die Übersetzung der französischen Dichtung vor der Nazizeit bei den
letzten Symbolisten, bei Valéry und Claudel geendet. Hier wurde dann
von Karl Krolow, Paul Celan und Kurt Kusenberg u.a. zunächst einmal das Versäumte nachgeholt, Apollinaire, Breton, Aragon, Michaux,
Saint John Perse, Prévert, Char u.a. kamen hier vielen Lesern zum

ersten Mal zu Gesicht. Ähnliches gilt für die englische und amerikanische Literatur des 20. Jahrhunderts.

Die Klassiker, sowie die großen Formen, Roman und Drama, wurden zunächst ohnehin in Übersetzungen gelesen, die es vorher schon gegeben hatte, oder die vorher schon begonnen worden waren, die griechischen Dramen in Übersetzungen von Staiger und Schadewaldt, Shakespeare von Rothe und Schröder usw.; selbst von Joyces *Ulysses* gab es bis 1975 nur die ältere Übersetzung von Georg Goyert. Hier gab es gar keine andere Möglichkeit, als daß die ältere Generation für Kontinuität sorgte, weil die jüngeren zunächst weder die Kenntnisse und den Hintergrund, noch wohl auch die zeitlichen und materiellen Möglichkeiten besaßen. Erst in den 60er Jahren drängten auf diesem Gebiet jüngere Übersetzer nach.

Neue Entwicklungen

Mit der gebotenen Vorsicht, die bei der Beurteilung von Erscheinungen der jüngstvergangenen Gegenwart angebracht ist, läßt sich sagen, daß die 1960er und 70er Jahre aus verschiedensten Gründen keine der Ausbildung des literarischen Übersetzens günstige Zeit waren. Die Entwicklung des Buchmarktes und des Verlagswesens förderte eher den schnellen, versierten, glatten Übersetzer. Eine auf Studium beruhende größere Übersetzungsunternehmung ist in jüngerer Zeit eine Ausnahmeerscheinung gewesen. Ebenso sind Übersetzer mit ausgeprägtem Formwillen, Übersetzer, die sich nicht nur als literarische Importeure verstehen, sondern gewillt sind, Arbeit an der Sprache zu leisten, Ausnahmen geblieben, die in den seltensten Fällen vom Buchmarkt getragen und von der literarischen Öffentlichkeit gefördert worden sind. So hat Shakespeare seinen ambitioniertesten Übersetzer der deutschen Gegenwart in **Erich Fried** gefunden, der sich mit der literarischen Öffentlichkeit der deutschen Nachkriegszeit nie identifizieren wollte. Auf Anerkennung hat auch der Shakespeare-Übersetzer **Frank Günther** lange warten müssen, der seit 1976 dreißig Dramen übersetzt hat und kurz vor dem Abschluß des gesamten Shakespeareschen Bühnenwerks steht. 2001 wurde er für die gute Spielbarkeit, die philologische Genauigkeit und das große Register verschiedener Stimmen, Sprachen und Stilen in seinen Übertragungen ausgezeichnet.

Paul Celans Übersetzungen aus dem Russischen, Englischen und Französischen, die sich wie vielleicht keine anderen der jüngsten Vergangenheit als Arbeit an der Sprache begriffen, entstanden ebenfalls unter exilähnlichen Bedingungen. **Arno Schmidts** sprachexperimentelle Übersetzungen aus dem Englischen scheinen schließlich ebenso

an eine öffentlichkeitsabgewandte Situation gebunden zu sein. Wenig
bekannt dürfte auch sein, daß **H.C. Artmann** auf ein umfangreiches
und eigenwilliges Übersetzungswerk (Goldoni, Villon, Bellman)
konnte.

Auch **Friedhelm Kemp**, einer der sowohl kenntnisreichsten wie re-
flektiertesten Übersetzer der Gegenwart, begründet sein Tun allererst
im persönlichen Vergnügen des Kenners und Liebhabers und erst in
zweiter Linie im öffentlichen und gemeinsamen Erfordernis. Ohne
leidenschaftliches Engagement und Opferbereitschaft wäre auch ein
so großes Projekt wie Raoul Schrotts 1997 erschienene Übersetzungen
von »Gedichten aus den ersten vier Jahrtausenden« nicht durchführbar
gewesen.

Trotz dieser ungünstigen Bedingungen, die sich auch im dürftigen
Niveau der Diskussion des Problems in den Medien niederschlugen,
gab es vereinzelt immer wieder Übersetzungsleistungen, die literarische Normen und Lesegewohnheiten zu verändern suchen und die
zeigten, daß die Tradition sprachverändernder Übersetzungen nicht
ausgestorben ist. **Hans Wollschlägers** reflektiert-sprachverliebte *Ulysses*-Übersetzung ist ein Beispiel dafür, daß auch eine ›eigensinnige‹
Übersetzung sich unter bestimmten Umständen durchsetzen kann.
Vor allem für Neuübersetzungen von kanonischen Werken der Weltliteratur sind die Bedingungen heute günstiger. Bei der literarischen
Öffentlichkeit ist das Bewußtsein für den Sprachwandel gestiegen, die
Übersetzer wiederum haben sich zu größerer philologischer Genauigkeit verpflichtet. Leichte Lesbarkeit und ›gutes Deutsch‹ sind heute
nicht mehr die wichtigsten Kriterien für eine gelungene Übersetzung.
So wurde jüngst die Neuübersetzung von *Moby Dick* durch Mathias
Jendis gerade für ihren sorgfältigen Umgang mit Melvilles sprachlichen Neuschöpfungen, den verschiedenen Stilebenen und Fachspra-
chen ausgezeichnet. Mit ähnlichen Begründungen gelten z.B. auch
die neuen Dostojewskij-Übersetzungen von Swetlana Geier und die
Revision der Proustschen *Recherche* von Eva Rechel Mertens durch
Luzius Keller als Fortschritt in der Übersetzungsgeschichte.

VI. Sozio-ökonomische Probleme des Übersetzens

1. Übersetzung und internationale Buchproduktion

Von der breiteren Öffentlichkeit weitgehend unbemerkt hat sich Übersetzung seit dem Zweiten Weltkrieg zu einem sozialen und ökonomischen Faktor von ungeheurer und kaum vollständig einzuschätzender Bedeutung entwickelt. So stieg die Zahl der in der Welt publizierten Übersetzungen von 9000 im Jahre 1948 über 41.332 im Jahre 1970 auf 61.531 im Jahre 1986.

Diese Zahlen sind dem *Index Translationum* entnommen, der jährlichen internationalen Bibliographie von Übersetzungen, die von der UNESCO herausgegeben wird. Der Index ist zwar nie vollständig verläßlich, erscheint zudem je mit einer Verspätung von 3 bis 4 Jahren zum erfaßten Jahr, dennoch bildet er eine unverzichtbare Lektüre für den Übersetzungswissenschaftler. Darüber hinaus publiziert auch das *Statistical Yearbook* der UNO von Zeit zu Zeit Statistiken zum Verhältnis von Buchproduktion und publizierten Übersetzungen.

Die im *Index* erfaßten Übersetzungen sind möglicherweise aber nur der kleinere Teil des internationalen Übersetzungsvolumens, denn viele Übersetzungen, die eine wichtige Funktion in der Kommunikation erfüllen, werden nur in einem halböffentlichen Bereich publiziert und sind bibliographisch nicht oder nur schwer erfaßbar, wie z.B. Filmskripte, Theatertexte, Reden und Vorträge, Arbeitspapiere von Institutionen, usw. Aufgrund der Unwägbarkeiten bei dem Umfang und der Art der Erfassung geben die Zahlen des Index und des *Statistical Yearbook* eher Verhältnisse und Dimensionen als Quantitäten an.

Die wichtigsten ›Übersetzungsländer‹, gemessen an der Zahl der publizierten Übersetzungen (nach dem *Index* 39 (1986), erschienen 1992), sind:

Publizierte Übersetzungen 1986

Spanien	9649
Sowjetunion	8202
Bundesrepublik	8139
Niederlande	3945
Japan	2875

Brasilien	2291
Mexiko	2087
Schweden	2043
Frankreich	1710
Dänemark	1171
Jugoslawien	1440
Tschechoslowakei	1395
Ungarn	1144
Italien	961
DDR	797
Kanada	665
Belgien	550
Israel	462
Argentinien	257
Algerien	23
Irland	18

Relativiert man die Werte nach Bevölkerungszahlen und weiteren Faktoren (wie etwa der Mehrsprachigkeit innerhalb von Staatsverbänden), so wird deutlich, daß der quantitative Anteil von Übersetzungen am allgemeinen Informationsangebot in den verschiedenen Ländern höchst unterschiedlich ist. So weichen Spanien und die Bundesrepublik von einer gedachten Durchschnittsmarge sehr stark nach oben ab. Die Spitzenstellung der Bundesrepublik ist im Bereich der literarischen Übersetzung (im weitesten Sinne, denn die UNESCO zählt z.B. auch Publikationen aus der Philologie dazu) noch ausgeprägter.

Literarische Übersetzungen 1986:

Bundesrepublik	5045
Spanien	5029
Sowjetunion	3536
Niederlande	2326
Dänemark	1115
Schweden	1351

Dagegen:

Frankreich	786
Italien	424
Kanada	197

Literarische Übersetzung in dem von der UNESCO abgegrenzten Sinne bildet überall die größte Gruppe in der Reihe der **Sachgebiete**, besonders dominierend aber ist sie wiederum in der Bundesrepublik. 1986 wurden übersetzt:

	BRD	DDR	KAN	SU	FR	ITA	JAP
Allgemeines	10	12	4	34	11	1	21
Philosophie usw.	501	14	35	66	104	68	159
Religion usw.	448	25	53	26	174	93	118
Sozialwiss. usw.	319	61	87	2594	112	84	377
Naturwiss.	241	45	102	839	51	31	150
Angewandte Wiss.	681	41	124	591	232	150	445
Kunst usw.	402	47	30	211	70	53	189
Literatur	5045	499	197	3536	786	424	1227
Geschichte usw.	492	53	33	305	170	57	189

In seiner 4. zusammenfassenden Ausgabe für den Zeitraum 1979 – 1996 verzeichnet der *Index Translationum* für die einzelnen Sachgebiete übersetzter Titel folgende **prozentuale Anteile**:

	GUS	USA	BRD	Engl.	Brasilien	Span.	Jap.	Fr.
Literatur	42	32	53	38	44	48	39	60
Naturwiss.	12	1	4	7	2	4	6	3
Religion u.a.	1	18	6	10	11	6	3	–
Gesch./Geogr.	6	14	7	10	3	7	7	10
Angew. Wiss.	8	9	9	9	13	14	15	7
Sozialwiss.	26	11	-	11	9	8	14	4
Kunst usw.	3	10	7	10	3	6	9	6
Phil./Psych.	2	5	7	4	11	6	9	5
Allg.	-	1	1	1	1	1	1	-

Es ist ein seltsames Phänomen, daß das von der Forschung wie innerhalb der Übersetzerausbildung am meisten vernachlässigte Sachgebiet der literarischen Übersetzung innerhalb der Buchproduktion eine solche Bedeutung einnimmt. Die ökonomische Bedeutung des Übersetzens erschließt sich jedoch in ihren Dimensionen erst im Verhältnis zur Buchproduktion überhaupt. Hier stehen bereits die Zahlen des *Statistical Yearbook* von 1996 zur Verfügung:

	jährl. Buchproduktion	davon lit. Übers.
Niederlande (1993)	34.067	2.950
Japan	56.221	11.924
USA	68.175	13.221
Spanien	46.330	11.695
GUS	36.237	8.493
Frankreich (1995)	34.766	10.545
Großbritannien	107.263	21.686
Schweden	13.496	2.876

Auch hier sind völlig unterschiedliche Verhältnisse auf den ersten Blick ersichtlich, die sich jedoch erst vor dem Hintergrund sehr komplizier ter kultureller, politischer, ökonomischer und (urheber-)rechtliche Erwägungen erklären lassen.

Die **Zahl der publizierten Titel** gibt in beschränktem Maße auch Auskunft über die Bedeutung der einzelnen Sprachen. Die deutsche Sprache verzeichnet hiernach international zwar in den letzten Jahre einen Aufwärtstrend, jedoch ist im übrigen die Rangfolge unverän dert. Von 1979-1996 wurden an Titeln übersetzt:

aus dem:		in das:	
Englischen	446.724	Englische	69.728
Französischen	101.154	Französische	79.889
Deutschen	81.935	Deutsche	153.367
Russischen	80.176	Japanische	49.327
Italienischen	26.354	Russische	50.936
Spanischen	18.256	Spanische	111.701
Anderen Spr.	133.772	Holländische:	48.544
		Andere Spr.	305.842

Statistiken zu den **Übersetzungen ins Deutsche** veröffentlicht de Börsenverein des deutschen Buchhandels. Im Jahre 2001 betrug de Anteil der Übersetzungen an den jährlichen Neuerscheinungen 7% Jeder achte Titel war also eine Übersetzung. Von diesen insgesam 9.338 übersetzten Büchern waren 3.746 belletristische Übersetzun gen. Der Anteil der einzelnen Sprachen am Übersetzungsvolume betrug 2001:

	Übersetzungen insgesamt	literarische Übersetzungen
Englisch	6.924	2.833
Französisch	821	244
Italienisch	284	117
Niederländisch	182	64
Spanisch	168	102
Schwedisch	139	62
Japanisch	124	14
Russisch	98	50
Latein	88	10
Norwegisch	76	47
Polnisch	64	39
Neuhebräisch	57	32
Dänisch	47	22
Tschechisch	42	18
Altgriechisch	36	5
Ungarisch	32	15
Portugiesisch	19	13
Arabisch	15	6
Finnisch	15	11
Chinesisch	12	7

Quelle: Buch und Buchhandel in Zahlen 2002)

Literatur:

Neben dem *Index Translationum* (UNESCO) und dem *Statistical Yearbook* (UNO) gibt es eine Fülle von Spezialpublikationen zur bibliographischen Erfassung in einzelnen Sachgebieten, die in der Mehrzahl für die literaturwissenschaftlich orientierte Übersetzungsforschung weniger bedeutsam sind. Einen Überblick über die Entwicklungen geben in regelmäßigen Abständen die einzelnen Fachzeitschriften, insbesondere *Babel, Lebende Sprachen*, das *Mitteilungsblatt für Dolmetscher und Übersetzer*, das *Börsenblatt des deutschen Buchhandels* und *Übersetzen*.

2. Übersetzer und Dolmetscher als Beruf

Parallel zur wachsenden sozialen und ökonomischen Bedeutung de.
Übersetzens nach dem Zweiten Weltkrieg hat sich Übersetzen unc
Dolmetschen zumindest im allgemeinen und im fachsprachlicher
Bereich zu einer selbständigen Berufssparte mit klar umrissene»
Tätigkeitsmerkmalen entwickelt. Auch der **Ausbildungsgang** ist i»
diesen Bereichen inzwischen geregelt. In Deutschland finden ange
hende Übersetzer/innen und Dolmetscher/innen sehr gute Ausbil-
dungsmöglichkeiten vor. Derzeit werden an sieben Universitäten, dre
Fachhochschulen und einigen bayrischen Fachakademien in sechs- bi
neunsemestrigen Regelstudiengängen Übersetzer und Dolmetsche.
ausgebildet.

Insbesondere die den entsprechenden Universitäten angeschlos
senen Institute in Heidelberg, Mainz/Germersheim, Saarbrücken
Berlin und Leipzig sowie das Sprachen- und Dolmetscher-Institut i»
München bilden Übersetzer auf hohem Niveau aus. Schon lange geh
dort die Ausbildung über die Vermittlung praktischer sprachliche
Fertigkeiten weit hinaus; in den letzten Jahren macht sich ein imme
stärkerer Trend zur **Verwissenschaftlichung der Ausbildung** bemerk
bar, der in den Studiengängen zu einer Erhöhung des Anteils allgemei
ner übersetzungswissenschaftlicher Fragestellungen geführt hat. Dies«
Entwicklung wird naturgemäß unterschiedlich beurteilt, unstrittig is
jedoch, daß die Übersetzerausbildung inzwischen anderen akademi
schen Ausbildungsgängen nicht mehr nachsteht.

Einen zwingend vorgeschriebenen Werdegang gibt es allerding.
nicht. Neben den Ausbildungsgängen der Fachhochschulen und eine.
kaum übersehbaren Zahl von privaten oder kommunalen Fremdspra
cheninstituten, die Übersetzer und Dolmetscher hauptsächlich fü
den kaufmännischen Bereich ausbilden, gibt es auch den Weg de
philologischen Studiums oder, insbesondere im Bereich des technisch
wissenschaftlichen Übersetzens, den über das Studium eines Sachfach
in Kombination mit Sprachstudien. Das Ablegen einer staatliche»
Prüfung (etwa in Bayern) ist schließlich auch aufgrund autodidak
tischer Ausbildung in Verbindung mit praktischer Berufserfahrun,
möglich. Der von der Praxis hauptsächlich geforderte Dolmetscher
und Übersetzertypus soll die aktive Beherrschung mindestens zweie
Fremdsprachen mit guter Allgemeinbildung und Spezialkenntnisse«
in einem Sachfach verbinden. Dies hat dazu geführt, daß ein Drei-Fä
cher-Studium an den Universitätsinstituten inzwischen die Regel ist.

Seit 1987 gibt es an der Düsseldorfer Universität einen **Diplom»
studiengang** »Literarübersetzen«. Die achtsemestrige Ausbildun,

umfaßt neben zwei Ausgangssprachen und der Zielsprache Deutsch Lehrveranstaltungen in zahlreichen Nachbardisziplinen. Dazu gehören außer sprach- und literaturwissenschaftlichen Themen wie z.B. Lexikologie, Idiomatik, Textanalyse, Literaturgeschichte, Stilistik und Medienkunde natürlich auch Übersetzungstheorie und Berufskunde. Eine wichtige Rolle spielen Praktika. Der Düsseldorfer Studiengang arbeitet eng mit einer Institution zusammen, die weltweit einzigartig ist und den Rang Deutschland als Land der Übersetzung einmal mehr bestätigt. Das seit 1978 bestehende **Europäische Übersetzer-Kollegium in Straelen** ist ein internationales Arbeitszentrum für Literatur- und Sachbuchübersetzer, wo jährlich über 750 Übersetzer aus aller Welt einige Zeit an einem Projekt arbeiten. Ihnen steht in Straelen die weltweit umfangreichste Spezialbibliothek für den Berufsstand der Übersetzer zur Verfügung. Sie umfaßt 25.000 Nachschlagewerke in 275 Sprachen und Dialekten, 65.000 Werke der Weltliteratur, meist in Original und Übersetzung und 20.000 Fachbücher. In Straelen finden regelmäßig Workshops und Blockseminare unter der Leitung von erfahrenen Übersetzern und Übersetzungstheoretikern statt, die teilweise zum Düsseldorfer Lehrangebot gehören.

Andere Maßnahmen zur **Fortbildung und Professionalisierung** sind das sogenannte »Bergneustädter Gespräch«, das die Literaturübersetzer auf ihrer ersten Jahrestagung 1968 ins Leben riefen. Seit 1999 findet diese alljährliche dreitägige Veranstaltung, bei der die Übersetzer/innen in sprachenspezifischen und –übergreifenden Arbeitsgruppen Probleme wie die Übersetzung von Slang und Genre-Literatur, älterer Sprache, Metaphern oder komplizierter Syntax diskutieren, als »**Bensberger Gespräch**« bei Köln statt. An der Tagung, die auch Vorträge und die Begegnung eines deutschen Autors mit seinen Übersetzern umfaßt, nehmen auch Lektoren teil. Die **Übersetzerwerkstatt** des Literarischen Colloquiums Berlin vergibt jährlich zehn Arbeitsstipendien für Wochenendseminare, bei denen Übersetzer/innen unter der Leitung eines Tutors an ihrer Übertragung eines zeitgenössischen Werkes arbeiten, über ihre Ergebnisse berichten und Vorträge hören. Lyrikübersetzer tauschen ihre Erfahrungen bei den »Übersetzergesprächen« der Bundesakademie für kulturelle Bildung in Wolfenbüttel aus. Schließlich veranstaltet der VdÜ rund ums Jahr eine Fülle an Fortbildungsseminaren u.a. zu Themen wie Honorarverhandlungen, Internet-Recherche oder das eigene Redigieren der Übersetzung.

Übersetzerförderung als kulturpolitische Aufgabe, die nicht nur die Lebenssituation der Übersetzer/innen, sondern auch die Qualität von Übersetzungen verbessern soll, ist das Ziel des 1997 gegründeten

Deutschen Übersetzerfonds, dem u.a. die Deutsche Akademie für Sprache und Dichtung und der Deutsche Literaturfonds angehören. Aus Spendenmitteln vergibt er zweimal jährlich Arbeits- und Reisestipendien, die es Übersetzern gestatten sollen, ohne Ablenkung durch zusätzliche Brotarbeit ihre sprachlichen und kulturellen Kenntnisse des Landes ihrer Ausgangssprache zu vertiefen oder so sorgfältig zu recherchieren und zu arbeiten, wie die Gestaltung eines sprachlich komplexen literarischen Textes es erfordert.

Auch durch den intensiveren Austausch der Übersetzer/innen untereinander ist die Qualität von Übersetzungen gestiegen. Eine wichtige Rolle spielt dabei das **Internet**. Übersetzungspraktische und berufskundliche Fragen jeder Art beantworten die Übersetzer/innen sich gegenseitig in zahlreichen Diskussionsforen und Mailinglisten. Für diejenigen, die Literatur übersetzen, gibt es das allen zugängliche Forum »u-litfor« und das interne Forum für Mitglieder des VdÜ »uebersetzerforum«. Auf der Homepage des Europäischen Übersetzer-Kollegiums (euk-straelen.de) finden sich unter der Liste »Netzplätze für Übersetzer« nützliche Hinweise auf Wörterbücher, Enzyklopädien und Bibliographien, sowie viele andere Adressen von Textarchiven wie dem Projekt Gutenberg, Gesammelten Werken z.B. von Shakespeare und verschiedenen Bibelübersetzungen, wo die Möglichkeit der Volltext-Recherche dem Übersetzer heute manchen Gang in die Bibliothek erspart.

Für die Absolventen der Universitätsinstitute und der angesehenen anderen Institutionen der Übersetzerausbildung gab es in den vergangenen Jahren im Regelfall keine Schwierigkeiten, einen Arbeitsplatz zu finden. Sowohl in der freien Wirtschaft wie in den nationalen und internationalen Institutionen gab es durch die stetig wachsende internationale Zusammenarbeit auch einen stetig **wachsenden Bedarf an Dolmetschern und Fachübersetzern**. Die Behörden vom Sprachendienst des Auswärtigen Amtes und der Bundeswehr über die Europäische Gemeinschaft mit ihren Dienststellen bis hin zur UNO mit ihren Unterorganisationen stellen Übersetzer und Dolmetscher im gehobenen oder höheren Dienst ein, und auch im Bereich der freien Wirtschaft können festangestellte Übersetzer mit Gehältern im Bereich leitender Angestellter rechnen. Über die Bezahlung freiberuflich tätiger Übersetzer/innen lassen sich naturgemäß keine genauen Angaben machen. Je nach Sachgebiet gibt es hier große Unterschiede, und auch der Verwendungszweck wirkt sich auf die Höhe des Honorars aus.

Literarische und Übersetzer/innen wissenschaftlicher Werke üben ihre Tätigkeit im Regelfall freischaffend aus. Übersetzer/innen, die ihren Lebensunterhalt ausschließlich aus literarischen Übersetzungen bestreiten, gibt es jedoch nur auf wenigen Gebieten, z.B. im Bereich der Film- und Dramenübersetzung. Am häufigsten werden verschiedene Tätigkeiten im Kultur- und Medienbereich ausgeübt. Für die literarischen Übersetzer/innen, in der Regel Quereinsteiger, gibt es daher immer noch kein klares Berufsbild, obgleich der Düsseldorfer Studiengang das Bemühen um eine entsprechend institutionalisierte Ausbildung zeigt. Die Frage, ob literarisches Übersetzen überhaupt akademisch gelehrt werden kann, ist umstritten. Skeptiker können in jedem Fall darauf hingewiesen werden, daß auch andere interpretierende Künste in den letzten hundert Jahren durch die Einrichtung von Kunsthochschulen profitiert haben, und daß das Niveau von Schauspielern und Musikern durch institutionalisierte Ausbildungsgänge unbestreitbar gestiegen ist.

Für Dolmetscher/innen und Fachübersetzer/innen ist die **Bedarfsprognose** im ganzen recht günstig. Eine Gefährdung von Arbeitsplätzen, bzw. Aufträgen durch Automatisierung (vgl. Kap. II.2) ist zwar nicht für alle Zukunft auszuschließen, für die nahe Zukunft aber nicht gegeben. Im Gegenteil sorgen gegenwärtig wieder auflebende Experimente mit Maschinenübersetzungen und der Aufbau von Terminologie-Datenbanken eher für zusätzliche Arbeitsplätze für Übersetzer mit Kenntnissen in der elektronischen Datenverarbeitung. Die **Situation literarischer Übersetzer/innen** dagegen ist in Anbetracht der gegenwärtigen Krise auf der Buchmarkt nicht besonders hoffnungsvoll. Auf der Veranstaltung »Übersetzen im scharfen Wind des freien Marktes« im Oktober 2000 berichteten Lektoren von den Konzentrationen im Verlagswesen, die zu einem börsenorientierten Renditedenken führen. Statt Bücher nach ihren literarischen Qualitäten auszuwählen und sie in enger Zusammenarbeit mit dem Übersetzer sorgfältig zu lektorieren, konzentrieren sich manche Lektoren heute als »Produktmanager« vor allem auf Verkäuflichkeit der Titel und versuchen vor allem, die Herstellungskosten niedrig halten (vgl. VI.4). Dieser Tendenz in den Verlagen, an den Übersetzungskosten zu sparen, können die Übersetzer/innen wiederum nur mit Kollegialität und Qualitätssteigerung begegnen, denn gute Übersetzungen senken die Lektoratskosten.

Literatur:

Bucher, Marcel: *Übersetzen – rationell, schnell, gut,* Zürich 1979.
Kappp, Volker (Hg.): *Übersetzer und Dolmetscher,* Heidelberg 1974.
Krollmann, Friedrich: *Dolmetscher/Dolmetscherin, Übersetzer/Übersetzerin.* *Blätter zur Berufskunde,* hg.: Bundesanstalt für Arbeit, Bielefeld 1992.
Nies, Fritz: Vom autodidaktischen Zubrot-Erwerb zur angewandten Wissen-

schaft? Literaturübersetzen: ein neuer Diplom-Studiengang der Universität Düsseldorf. In: LS 2 (1988), S. 49-52.

ders./Glaap A.R./Gössmann W. (Hg.): *Ist Literaturübersetzen lehrbar? Beiträge zur Eröffnung des Studiengangs Literaturübersetzen an der Universität Düsseldorf*, Düsseldorf 1989.

Peeters, Regina: *Eine Bibliothek für Babel: Maßstäbe einer Spezialbibliothek für literarische Übersetzer*, Berlin 2000.

Schmitt, Peter A.: *Translation und Technik*, Tübingen 1999.

ders.: *Der Translationsbedarf in Deutschland. Ergebnisse einer Umfrage.* In: MDÜ 4 (1993), S. 3-10.

Seib, Günter: Vom Schulmeisterelend zur Professionalisierung. Der Übersetzerberuf: Rückblick und Perspektiven. In: *Übersetzen* 2 (2001), S. 3-7.

3.   Rechtliche Stellung, Berufsverbände

Nach dem Urheberrechtsgesetz (UrhG) vom 9. 9. 1965, dessen Bestimmungen inhaltlich inzwischen in den meisten Ländern der Erde ihre Parallele haben, ist die **Übersetzung als geistiges Eigentum** des Übersetzers dem Originalwerk vollkommen gleichgestellt. Sie gilt also rechtlich als persönliche, geistige Schöpfung, als Produkt individuellen Gestaltungswillens und genießt daher urheberrechtlichen Schutz. Als Urheber des deutschen Textes haben die Übersetzer Anspruch auf angemessene Bezahlung und Beteiligung an den Erträgen aus der Verwertung ihres Werkes. In diesen beiden Punkten, die bisher durchaus keine gängige Praxis waren, bildet das am 1. Juli 2002 in Kraft getretene neue UrhG besonders für Übersetzer/innen einen großen Fortschritt. Die **Angemessenheit der Vergütung** wird dort ausdrücklich gefordert und von Verhandlungen zwischen den Urheber- und den Verwerterverbänden oder einzelnen Verwertern abhängig gemacht. Falls keine gemeinsamen Vergütungsregeln vorliegen, so der Gesetzestext, gilt als angemessen, was in der Branche üblich ist – sofern die der Redlichkeit entspricht. In deutlichen Worten wird in der Begründung des Gesetzes festgehalten, daß dies bisher für Literaturübersetzer nicht zutrifft, »die einen unverzichtbaren Beitrag zur Verbreitung fremdsprachiger Literatur leisten. Ihre in der Branche überwiegend praktizierte Honorierung steht jedoch in keinem angemessenen Verhältnis zu den von ihnen erbrachten Leistungen«.

Ferner wurde der sogenannte ›Bestsellerparagraph‹, nach dem Übersetzern zusätzlich eine Beteiligung am Verkaufserlös zusteht, wenn das von ihnen übersetzte Buch sehr erfolgreich war, durch das UrhG zugunsten der Übersetzer/innen verändert. Der Erfolg muß nun nicht mehr »unerwartet« sein, und die Schwelle, ab der Nachforderungen gestellt werden dürfen, wurde deutlich gesenkt.

Im Normalfall überträgt der Übersetzer nämlich die Nutzung sämtlicher Urheber- und Schutzrechte auf den Auftraggeber. Das gilt auch für sogenannte Nebenrechte, wie Taschenbuch- und Buchclubausgaben, Verfilmungen, Hörbuchfassungen usw. Der ›Übersetzervertrag‹, den Verlage mit ihren Übersetzern schließen, regelt die Rechte und Pflichten des Übersetzers und des Verlages sowie die Rechtseinräumungen. Als Gegenleistung für die **Überlassung der Nutzungsrechte** erhält der Übersetzer entweder ein einmaliges Honorar oder Tantiemen oder eine Kombination aus beiden (Vorauszahlung). Manche Klauseln der üblichen Verträge sind vom übersetzungswissenschaftlichen Standpunkt aus nicht unproblematisch. So wird häufig der Verlag berechtigt, vom Vertrag zurückzutreten, wenn die Übersetzung fehlerhaft ist oder den Ansprüchen an eine Publikation in anderer Weise nicht genügt, ohne daß die Kriterien dafür ausreichend und für beide Seiten nachvollziehbar begründet würden. Einen Mustervertrag für Literaturübersetzer hat der VdÜ schon 1970 vorgestellt. Mit dem Verlegerausschuß des Börsenvereins des deutschen Buchhandels wurde dann ein ›**Normvertrag**‹ ausgehandelt, dessen letzte Fassung vom 1.7.1992 stammt. In Streitfällen entscheidet die »Schlichtungs- und Schiedsstelle Buch«. War dieser Normvertrag bislang nicht bindend, sondern stellte nur eine Empfehlung dar, so sind die Verbände der Vertragsparteien nun durch das neue UrhG ausdrücklich aufgefordert, über Vergütungsregeln und Beteiligungen am Erlös aus Verkauf und Nebenrechten zu verhandeln.

Doch im Regelfall ist der einzelne Übersetzer der schwächere Partner bei Vertragsabschlüssen. Der Vereinzelung in rechtlicher, sozialer, ökonomischer und fachlicher Hinsicht sollen die **Berufsverbände** entgegenwirken, die aufgrund der zunehmenden Bedeutung des Berufsstandes in den 60er Jahren gegründet wurden. Auf europäischer Ebene existierte schon die »Fédération Internationale des Traducteurs« (FIT), in der Bundesrepublik gibt es den »Berufsverband der Dolmetscher und Übersetzer« (BdÜ) und den »Verband deutschsprachiger Übersetzer literarischer und wissenschaftlicher Werke« (VdÜ). Der VdÜ, 1954 gegründet, gehört seit 1969 als Bundessparte Übersetzer dem Verband deutscher Schriftsteller (VS) an. Mit diesem war er ab 1989 Teil der IG Medien, die heute in der Dienstleistungsgewerkschaft ver.di aufgeht. Der VdÜ hat inzwischen fast 1000 Mitglieder.

Jeder dieser Verbände gibt eine **Zeitschrift** heraus oder ist daran beteiligt: die FIT *Babel*, der BDÜ *Lebende Sprachen* (LS) und der VDÜ *Übersetzen*. Diese Zeitschriften enthalten neben Grundlagenartikeln regelmäßig Übersetzungskritiken, Rezensionen, Terminologie-Service, Spezial-Glossare, Wörterbuchergänzungen und Bibliographien zu Fachliteratur und sind für den Übersetzer wie den Übersetzungswissenschaftler gleichermaßen unentbehrliches Handwerkszeug.

Der Förderung der Qualität von Übersetzungen dienen auch **Preise für Übersetzer/innen,** deren Anzahl inzwischen erfreulich gestiegen ist. Die wichtigsten sind:

- der europäische Übersetzungspreis »Aristeion«
- der Übersetzerpreis des C.H. Beck Verlags
- der Paul Celan-Preis
- der André-Gide-Preis für deutsch-französische Literaturübersetzungen
- der Heinrich Maria Ledig-Rowohlt Übersetzerpreis
- der Helmut M. Braem-Preis
- der Johann-Heinrich-Voss-Preis
- der Wieland-Preis

Außerdem gibt es zahlreiche regionale, an einen Wohnort gebundene Preise. **Stipendien** vergeben u.a. der deutsche Übersetzerfonds, der »Freundeskreis zur internationalen Förderung literarischer und wissenschaftlicher Übersetzungen e.V.«, der deutsche Literaturfond und Städte wie Berlin, München und Wien, außerdem mehrere Bundesländer. Hinzu kommen Aufenthaltsstipendien in Straelen und anderen internationalen Übersetzerzentren, u.a. in Amsterdam, Arles, Brüssel, Norwich, Dublin, Lausanne, Budapest und im New Yorker Ledig House.

4. Soziale und ökonomische Voraussetzungen der literarischen Übersetzung

Literarische Übersetzer/innen von heute können im Gegensatz zu früheren Epochen der deutschen Literatur- und Übersetzungsgeschichte im Normalfall nicht damit rechnen, im Mittelpunkt der literarischen Öffentlichkeit zu stehen. Nur wenigen Übersetzenden gelingt es überdies, ihren Lebensunterhalt ausschließlich aus Übersetzungen zu finanzieren. Dies ist im Regelfall nur im Bereich populärer Literatur und in einigen Spezialsparten wie dem Kinderbuch möglich und auch dort nur für eine begrenzte Zahl von eingeführten Übersetzern. Der ökonomische Spielraum wird durch die unterschiedlichsten Faktoren weiter eingeschränkt. Wegen der relativen Unabhängigkeit der Tätig keit drängen trotz der fehlenden sozialen und ökonomischen Anreize viele unterschiedlich qualifizierte Übersetzer/innen auf den Markt und erlauben dadurch den Verlagen und anderen Verwertern eine Bestimmung der Preise. Übersetzer/innen ohne Erfahrungen mit Vertragsverhandlungen können sich indessen seit mehreren Jahren bei der sogenannten KNÜLL-Kartei, die laufend Daten über abgeschlossene Übersetzungsverträge sammelt, über aktuelle Honorare und Vertragsbedingungen informieren. Der VdÜ gibt zusätzlich alle zwei Jahre **Honorarempfehlungen** heraus.

Die Crux in der finanziellen Abgeltung gerade literarischer Übersetzungen ist nicht zuletzt seit der erbittert umkämpften Novellierung des UrhG einer breiteren Öffentlichkeit deutlich geworden. Derzeit stehen die vom Gesetz geforderten Verhandlungen zwischen den Urheber- und Verwerterverbänden noch aus. Dabei wird es vor allem um die Angleichung der **Seitenhonorare** für Übersetzer an die allgemeine Einkommensentwicklung, aber auch um verschiedene Modi der Erlösbeteiligung gehen. Die Tantiemenregelung ist risikoreicher und erbringt in vielen Fällen keine angemessene Bezahlung; die Honorarregelung pro bezahlter übersetzter Druckseite oder pauschal dagegen ist der Tätigkeit des Übersetzens im Grund unangemessen. Da Übersetzung eben keine mechanisch-handwerkliche Tätigkeit ist, lassen sich Zeitaufwand und geistige Anstrengung nicht messen. So sehen sich Übersetzer/innen oft dem Druck ausgesetzt, sich zwischen einer intensiven Durcharbeitung des Originals und der Übersetzung und einer angemessenen Entlohnung entscheiden zu müssen. Viele Übersetzer erzielen nach eigenen Angaben nur den Stundenlohn eines Hilfsarbeiters, vor allem wenn sich unvorhergesehene Schwierigkeiten einstellen. Jede Schwächung des Konzentrationsvermögens oder der Kreativität geht zu Lasten des Übersetzers. So hat der Beruf des literarischen Übersetzers letztendlich alle Nachteile der freischaffenden Tätigkeit aufzuweisen, aber nur wenige ihrer Vorteile, vor allem hinsichtlich des sozialen Status und des Einkommens. Die vielbeklagte mangelnde Qualität vieler Übersetzungen erklärt sich oft aus diesen Schwierigkeiten.

Einige **Verbesserungen ihrer sozialen und ökonomischen Situation** haben Literaturübersetzer jedoch in den letzten Jahrzehnten erreicht. So sind Übersetzer/innen, die ihre Tätigkeit gewerbsmäßig ausüben, nach dem Künstlersozialversicherungsgesetz seit 1983 über **die Künstlersozialkasse** (KSK) kranken- und rentenversichert, zahlen jedoch, wie Angestellte, nur 50% der gesetzlich vorgeschriebenen Prämien. Den ›Arbeitgeberanteil‹ zahlt die KSK aus Bundesmitteln und aus den Abgaben, zu denen die Verwerter verpflichtet sind. Aus diesen

Abgaben finanziert auch die **Verwertungsgesellschaft WORT** eine
wichtige finanzielle Unterstützung für Übersetzer. Die VG-WORT
kassiert Honorare für die Zweitverwertung urheberrechtlich geschütz
ter Texte, z.B. Ausleihen in Bibliotheken, Lesungen in Funk und
Fernsehen, Fotokopien usw., und verteilt diese Gelder als Tantiemen
an Urheber und Verlage.

Im Gegensatz zu den pragmatischen Sparten sind Untersuchungen
über Eignung, Funktion, Ausbildung, Motivation und Sozialstatus des
literarischen Übersetzers von der Forschung weitgehend vernachlässig
worden. Hier ist man weitgehend auf Selbstauskünfte der Übersetze
angewiesen, die oft kein klares Bild ergeben. Die Übersetzer/innen
sollten sich mit Unterstützung ihrer Berufsverbände um entsprechende Veröffentlichungen bemühen.

Obwohl – wie die Statistiken gezeigt haben – die Verlage einen
erheblichen Teil ihres Umsatzes mit Übersetzungen erzielen, ist die Be
treuung von Übersetzern und die Lektorierung von Übersetzungen of
mangelhaft. Da für fremdsprachige Werke zunächst die Nutzungsrech
te bezahlt werden müssen, wird dann gern an der Übersetzung gespart
Kritische Bemühungen eines komparatistisch ausgebildeten Lektor
könnten die Qualität von Übersetzungen ohne Zweifel verbessern.

»Der strenge, gewissenhafte, faulen Kompromissen abgeneigte Lite
raturübersetzer benötigt heute wie eh und je Bedingungen, die denen
im vorbürgerlichen Zeitalter gegebenen ähneln. Er ist auf moderne
Formen des Mäzenatentums angewiesen« (*Albrecht 1998, S. 279)
Doch eine großangelegte übersetzerische Unternehmung, die denje
nigen eines Wieland, Schlegel, Borchardt oder Schröder gleichkäme
stieße heute auf große Schwierigkeiten. Der Aufwand an Studie
und geistiger Energie, der dafür nötig wäre, fiele heute gänzlich in
Risiko der Person des Übersetzers. Ein Verleger, der sich da am Risik
beteiligt und mit Rat und Tat zur Seite steht, findet sich heute woh
kaum.

Man kann nun einwenden, daß der literarische Übersetzer in de
deutschen Literaturgeschichte nie auf Rosen gebettet war und daß
trotzdem große Übersetzungen entstanden, jedoch ist die Situation i
vielen Punkten nicht vergleichbar. Eine Klassikerübersetzung, die sich
auf das angesammelte Wissen stützen müßte, wäre heute einem etw
gegenüber dem 18. Jahrhundert vervielfältigten Informationsangebo
konfrontiert, während gleichzeitig die Lebensbedingungen des techni
schen Zeitalters Zeit und Muße beschränken. Halfen noch zu Zeite
Borchardts und Schröders Mäzenatentum und geistige und finanziell
Beteiligung der Verleger, so ist heute, trotz der verbesserten Möglich
keiten der Nutzung und Verwertung von Übersetzungen, Übersetzun

oft eine »unbezahlte Freude«. Zwar wäre es sicher verfehlt, die Qualität von Übersetzungen allein auf soziale und ökonomische Faktoren zurückzuführen, jedoch gibt es zweifellos noch weitere Verbesserungsmöglichkeiten oder sogar Notwendigkeiten. Durch eine vertiefte Einsicht in die Schwierigkeit und Bedeutung des Metiers kann auch die Übersetzungsforschung dazu beitragen.

Literatur:

Eine Fülle an Informationen zu allen hier angesprochenen Themen, z.B. zu Preisen und Stipendien, Fortbildungsmaßnahmen und Veranstaltungen, zur KNÜLL-Kartei, der KSK und der VG-WORT, dem Normvertrag und dem neuen UrhG, außerdem ein Verzeichnis der im VdÜ organisierten Übersetzer und Adressen von regelmäßigen Übersetzertreffen findet sich auf der Homepage des VdÜ: »www.literaturuebersetzer.de«.

Buchholz, Goetz: *Ratgeber Freie. Kunst und Medien*, Reinbek bei Hamburg [6]2002.

Fischer, P.: *Die Selbständigen von morgen. Unternehmer oder Tagelöhner*, Frankfurt a.M. 1995.

Mendelsohn, Peter de: Ein undankbares Handwerk. Die unbezahlte Freude des Übersetzens. In: *Neue deutsche Hefte* 24 (1977), S. 94ff.

Stoll, Karl-Heinz: Zukunftsperspektiven der Translation. In: LS 2 (2000), S. 49-59.

Regelmäßige Beiträge in: *Babel*, LS, MDÜ, *Übersetzen*.

VII. Anhang

1. Zeitschriften (Abkürzungen)

Im folgenden werden die wichtigsten Periodika aufgelistet, die mit einiger Regelmäßigkeit Beiträge zum Problem des Übersetzens drucken (bzw. druckten). In dieser Darstellung zitierte Beiträge aus anderen Periodika sind unabgekürzt oder mit selbstverständlicher Abkürzung angeführt.

Akzente
Arcadia
Babel; Revue Internationale de la Traduction. International journal of Translation.
Comparative Literature (CL)
Comparative Literature Studies (CLS)
Foundations of Language (FL)
Folia Linguistica (FoLi)
Fremdsprachen
German Life and Letters (GLL)
Göttinger Beiträge zur Internationalen Übersetzungsforschung (GB)
The International Journal of American Linguistics (IJLA)
The Incorporated Linguist (IL)
International Review of Applied Linguistics and Language Teaching (IRAL)
Jahrbuch für internationale Germanistik
Journal des traducteurs (JT)
Langage
Literatur und Kritik (LK)
Lebende Sprachen (LS)
Merkur
Mitteilungsblatt für Dolmetscher und Übersetzer (MDÜ)
Modern Language Review (MLR)
Moderna sprak
Nouvelle Revue Française (NRF)
Poetica
Revue de littérature comparée (Rlc)
Sprache im technischen Zeitalter (SprtZ)
St. Jerome Quarterly
Translation and Literature
Übersetzen (Zeitschrift des VdÜ)
Word

Yearbook of Comparative and General Literature (YCGL)
Zeitschrift für Literaturwissenschaft und Linguistik (LiLi)
Zeitschrift für Phonetik, Sprachwissenschaft und
Kommunikationsforschung (PSK)

2. Literatur (Standardwerke)

Göttinger Beiträge zur internationalen Übersetzungsforschung :

GB1: Brigitte Schultze (Hg.): *Die literarische Übersetzung. Fallstudien zu ihrer Literaturgeschichte*, Berlin 1987.

GB 2: Harald Kittel (Hg.): *Die literarische Übersetzung. Stand und Perspektiven ihrer Erforschung*, Berlin 1988.

GB 3: Armin Paul Frank (Hg.): *Der lange Schatten kurzer Geschichten. Amerikanische Kurzprosa in deutschen Übersetzungen*, Berlin 1989.

GB 4: Armin Paul Frank/Harald Kittel (Hg.): *Interculturality and the Historical Study of Literary Translation*, Berlin 1991.

GB 5: Harald Kittel (Hg.): *Geschichte, System, Literarische Übersetzung*, Berlin 1992.

GB 6: Fred Lönker (Hg.): *Die literarische Übersetzung als Medium der Fremderfahrung*, Berlin 1992.

GB 7: Erika Hulpke/Fritz Paul (Hg.): *Übersetzer im Spannungsfeld verschiedener Sprachen und Literaturen*, Berlin 1994.

GB 8 (1/2): Frank Maaß/Horst Turk (Hg.): *Übersetzen, Verstehen, Brücken bauen. Geisteswissenschaftliches und literarisches Übersetzen im internationalen Kulturaustausch*, Berlin 1993.

GB 9: Harald Kittel (Hg.): *International Anthologies of Literature in Translation*, Berlin 1995.

GB 10: Andreas Poltermann (Hg.): *Literaturkanon – Medienereignis – Kultureller Text. Formen interkultureller Kommunikation und Übersetzung*, Berlin 1995.

GB 11: H. Eßmann/U. Schöning (Hg.): *Weltliteratur in deutschen Versanthologien des 19. Jahrhunderts*, Berlin 1996.

GB 12: Doris Bachmann-Medick (Hg.): *Übersetzung als Repräsentation fremder Kulturen*, Berlin 1997.

GB 13: H. Eßmann/U. Schöning (Hg.): *Weltliteratur in deutschen Versanthologien des 20. Jahrhunderts*, Berlin 1997.

GB 14: W. Huntemann/L. Rühling (Hg.): *Fremdheit als Problem und Programm. Die literarische Übersetzung zwischen Tradition und Moderne*, Berlin 1996.

GB 15: A. Bhatti/Horst Turk (Hg.): *Kulturelle Identität: Deutsch-indische Kulturkontakte in Literatur, Religion und Politik*, Berlin 1997.

GB 16: B. Hammerschmid/H. Krapoth (Hg.): *Übersetzung als kultureller Prozeß: Rezeption, Projektion und Konstruktion des Fremden*, Berlin 1998.

GB 17: K. Mueller-Vollmer/M. Irmscher (Hg.): *Translating literatures – translating cultures: new vistas and approaches in literary studies*, Berlin 1998.

Standardwerke und Sammelbände

Albrecht, Jörn: *Literarische Übersetzung. Geschichte, Theorie, kulturelle Wirkung,* Darmstadt 1998.

ders.: *Linguistik und Übersetzung*, Tübingen 1973.

Akten des VIII. Internationalen Germanistenkongresses, Tokyo 1990: Begegnung mit dem Fremden, Bd. 5: *Linguistische und literarische Übersetzung (Sektion 8),* München 1991.

Apel, Friedmar: *Sprachbewegung. Eine historisch-poetologische Untersuchung zum Problem des Übersetzens,* Heidelberg 1982.

Arntz R./Thome G. (Hg.): *Übersetzungswissenschaft. Ergebnisse und Perspektiven.* Festschrift für Wolfram Wilss zum 65. Geburtstag, Tübingen 1990.

Bassnett S./Lefevere A. (Hg.): *Translation, History and Culture*, London/New York 1990.

Bausch K.R./Gaiger H.M. (Hg.): *Interlinguistica – Sprachvergleich und Übersetzung. Festschrift zum 60. Geburtstag von Mario Wandruszka,* Tübingen 1971.

Brower Reuben A.: *On Translation* [1959], New York 1966.

Catford, John Cunnison: *A linguistic Theory of Translation. An Essay in Applied Linguistics,* London 1965.

Elberfeld, Rolf et al. (Hg.): Translation und Interpretation, München 1999.

Forster, Leonhard: Aspects of Translation: Studies in Communications 2, London 1958.

Friedrich, Hugo: *Zur Frage der Übersetzungskunst,* Heidelberg 1965.

Gentzler, Edwin: *Contemporary translation theories*, London 1993 (2. rev. Auflage Clevedon 2001).

Gössmann W./Hollender Chr. (Hg.): *Schreiben und Übersetzen: Theorie allenfalls als Versuch einer Rechenschaft,* Tübingen 1994.

Graf, Karin (Hg.): *Vom schwierigen Doppelleben des Übersetzers. Dokumentation der Berliner Übersetzerwerkstatt 1993,* Berlin 1993.

Graham Joseph F. (Hg.): *Difference in Translation*, Cornell University Press 1985.

Güttinger, Fritz: *Zielsprache. Theorie und Technik des Übersetzens,* Zürich 1963.

Hartmann P./Vernay H. (Hg.): *Sprachwissenschaft und Übersetzen-Symposion der Universität Heidelberg 1969,* München 1970.

Hermans, Theo (Hg.): The Manipulation of Literature. Studies in *Literary Translation,* London/Sydney 1985.

Hirsch, Alfred: *Übersetzung und Dekonstruktion,* Frankfurt a.M. 1997.

Hönig, Hans Gert: *Konstruktives Übersetzen,* 2 Bde. Tübingen 1995,1997.

Italiaander, Rolf (Hg.): *Übersetzen. Vorträge und Beiträge vom internationalen Kongreß literarischer Übersetzer in Hamburg 1965,* Frankfurt a.M. 1965.

Jäger, Gert: *Translation und Translationslinguistik,* Halle/S. 1975.

Jahrbuch »*Gestalt und Gedanke*«: *Die Kunst der Übersetzung*, Bayrische Akademie der Schönen Künste, 8. Folge, 1962.

Jahrbuch für internationale Germanistik 2 (1989) Jg. XXI.

Kade, Otto: *Subjektive und objektive Faktoren im Übersetzungsprozeß*, Leipzig 1964.

Kade O./Neubert A.: *Studien zur Übersetzungswissenschaft*, Beihefte zur ZS Fremdsprachen III/IV, Leipzig 1971

Kadric, Mira et al. (Hg.): *Translationswissenschaft. Festschrift für Mary-Snell Hornby zum 60. Geburtstag*, Tübingen 2000.

Kemp, Friedhelm: *Kunst und Vergnügen des Übersetzens*, Pfullingen 1965.

Kloepfer, Rudolf: *Die Theorie der literarischen Übersetzung. Romanisch-deutscher Sprachbereich*, München 1967.

Koller, Werner: *Einführung in die Übersetzungswissenschaft*, Wiebelsheim ⁶2001.

- : *Probleme, Problematik und Theorie des Übersetzens*, Stockholm 1971.

Kopetzki, Annette: *Beim Wort nehmen. Sprachtheoretische und ästhetische Probleme der literarischen Übersetzung*, Stuttgart 1996.

Levý, Jiri: *Die literarische Übersetzung: Theorie einer Kunstgattung*, Frankfurt a.M. 1969.

LiLi 21 (1991), Heft 84: *Übersetzung*.

Meyer, Martin (Hg.): *Vom Übersetzen*, München 1990.

Mounin, Georges: Die Übersetzung: Geschichte, Theorie, Anwendung, München 1967.

Reiß K./Vermeer H.J.: *Grundlegung einer allgemeinen Translationstheorie*, Tübingen ²1991.

Rössig, Wolfgang: *Literaturen der Welt in deutscher Übersetzung. Eine chronologische Bibliographie*, Stuttgart/Weimar 1997.

Snell-Hornby, Mary (Hg.): *Übersetzungswissenschaft – eine Neuorientierung. Zur Integrierung von Theorie und Praxis*, Tübingen 1986.

-: *Translation Studies. An Integrated Approach*, Amsterdam 1988.

- et al. (Hg.): *Handbuch Translation*, Tübingen 1999 (2. verb. Aufl.).

Sprache im technischen Zeitalter 21 und 23 (1967), Heft »*Übersetzen*« I und II.

Stackelberg, Jürgen von: *Literarische Rezeptionsformen. Übersetzung, Supplement, Parodie*, Frankfurt a.M. 1972.

Stadler, Ulrich (Hg.): *Zwiesprache. Beiträge zur Theorie und Geschichte des Übersetzens*, Stuttgart 1996, S. 32-41.

Steiner, George: *Nach Babel. Aspekte der Sprache und Übersetzung* [1981], Frankfurt a.M. 1994 (erweiterte Neuauflage).

Stolze, Radegundis: *Übersetzungstheorien. Eine Einführung*, Tübingen 1994.

Störig, Hans Joachim (Hg.): *Das Problem des Übersetzens* [1963], Darmstadt 1973.

Turk, Horst: Literarische Übersetzung. In: *Jahrbuch für internationale Germanistik* 2 (1989), S. 28-82.

Venuti, Lawrence: *The scandals of translation: towards an ethics of difference*, London et al. 1998.

Wandruszka, Mario: *Sprachen – Vergleichbar und unvergleichlich*, München 1969.

Wilss, Wolfram Wilss (Hg.): *Übersetzungswissenschaft*, Darmstadt 1981.

–: *Übersetzungswissenschaft. Probleme und Methoden*, Stuttgart 1977.

– /G. Thome: *Aspekte der theoretischen, sprachbezogenen und angewandten Übersetzungswissenschaft*, Bd. I u. II, Wien 1974-75.

Wuthenow, Ralph-Rainer: *Das fremde Kunstwerk. Aspekte der Literarischen Übersetzung*, Göttingen 1969.

Zimmermann, Peter (Hg.): *Interkulturelle Germanistik. Dialog der Kulturen auf Deutsch?*, Frankfurt a.M. et al. 1989.

Sammlung Metzler

Printed in the United States
By Bookmasters